饲料生产工艺及装备

SILIAO SHENGCHAN GONGYI JI ZHUANGBEI

聂福全　刘成杰　张作良　主编

化学工业出版社

·北京·

内容简介

本书讲解了饲料加工机械设备的相关结构、工作原理、技术参数、加工工艺以及生产管理方面的基础理论和实践知识。

主要内容包括：料仓、输送设备、清理设备、粉碎设备、配料设备、混合设备、制粒工段设备、挤压膨化设备、液体添加设备、成品包装设备、饲料加工工艺、自动控制技术、噪声防治、除尘与安全生产、饲料加工质量管理、饲料加工成本管理。

本书内容精练，简明实用，可为饲料行业的技术人员和管理人员提供帮助，也可供高校相关专业师生学习参考。

图书在版编目（CIP）数据

饲料生产工艺及装备 / 聂福全，刘成杰，张作良主编. -- 北京 : 化学工业出版社，2025. 9. -- ISBN 978-7-122-49194-7

Ⅰ. S816.34 ; S817.12

中国国家版本馆CIP数据核字第2025WY3853号

责任编辑：贾　娜
文字编辑：吴开亮
责任校对：宋　玮
装帧设计：王晓宇

出版发行：化学工业出版社
（北京市东城区青年湖南街 13 号　邮政编码 100011）
印　　装：河北鑫兆源印刷有限公司
710mm×1000mm　1/16　印张 9½　字数 179 千字
2025 年 9 月北京第 1 版第 1 次印刷

购书咨询：010-64518888　　售后服务：010-64518899
网　　址：http://www.cip.com.cn
凡购买本书，如有缺损质量问题，本社销售中心负责调换。

定　　价：69.00元

前言

人们的日常生活离不开养殖业提供的肉、蛋、奶、水产等产品的供应，养殖业的发展离不开饲料工业提供的各类饲料产品，而饲料产品的生产离不开饲料机械设备、加工工艺及相应的生产管理。

饲料工业是我国的基础工业，虽然起步较晚，但是发展极快。为了适应饲料工业持续发展的需要，必须提高本行业现有从业人员的理论知识和技术水平，并不断培养新生的从业人员。

本书从技术和管理的角度出发，从基础知识讲起，详细介绍了饲料加工机械设备的相关结构、工作原理、技术参数、加工工艺以及有关生产管理方面的基础理论和实践知识。主要内容包括：料仓、输送设备、清理设备、粉碎设备、配料设备、混合设备、制粒工段设备、挤压膨化设备、液体添加设备、成品包装设备、饲料加工工艺、自动控制技术、噪声防治、除尘与安全生产、饲料加工质量管理、饲料加工成本管理。

本书内容精练，简明实用，无论是对设备设计、选用、操作还是维修，这些基本理论知识都是必须熟悉和掌握的。本书可供从事饲料行业相关工作的技术人员、管理人员或即将进入这个行业的青年人士学习参考，也可以作为高校相关专业的教材。

本书由河南科技学院聂福全，和协集团刘成杰、张作良主编，河南科技学院杨文莉、闫晓东，澳大利亚国立大学聂雨萱，和协集团邓京锐、皇甫政、刘成宇，以及高崇阳、岳红亮、潘国英等参与编写。

由于编者水平所限，书中不足之处在所难免，敬请读者批评指正。

编者

目录

第8章 制粒工段设备 // 067

第9章 挤压膨化设备 // 087

第1章 概论

养殖业喂养畜、禽及水产动物的物质统称为饲料。

一、饲料原料和饲料添加剂类型

1. 饲料原料

饲料厂接收饲料原料的种类、品种和数量取决于饲料厂生产饲料产品的品种、产量、配方及加工工艺的特殊要求。在生产实践中，饲料厂一般按饲料原料的营养功效进行分类，可分为能量饲料、蛋白质饲料、粗饲料、矿物质饲料和添加剂等。

2. 饲料添加剂

饲料添加剂是饲料组分中的少量或微量物质，包括营养性饲料添加剂和非营养性饲料添加剂，营养性饲料添加剂包括微量矿物质元素、维生素、饲料级氨基酸等，非营养性饲料添加剂包括药物、防腐剂、调味剂、抗结块剂等少量或微量物质，起改善饲料品质、保障动物健康和提高饲料消化率的作用。

二、饲料产品种类

配合饲料是根据畜禽、水产等养殖对象对各种营养物质的需要，将多种饲料原料按一定比例加工混合配制而成的。根据其全价性可分为全价配合饲料和非全价配合饲料。前者可单独饲喂动物，后者必须与其他饲料共同使用才能满足动物的全部营养需要。配合饲料种类多样，可根据营养价值、产品外观和适用对象等进行分类。

1. 饲料产品按照营养价值分类

（1）全价配合饲料。全价配合饲料是一种营养完全的配合饲料，它包含了能量饲料、蛋白饲料，以及微量元素、维生素和各种添加剂等。可用这种饲料作为畜禽的唯一口粮，饲喂时除了水以外不需要添加其他任何物质即可完全满足畜禽的营养需要。

（2）预混合饲料。预混合饲料是按照饲料配方的需要量将各种饲料添加剂如维生素、微量元素、氨基酸、抗氧化剂等和一定数量的载体或稀释剂混合而成，一般占配合饲料总量的0.5%～5%。预混合饲料既可以作为饲料厂的半成品用于生产全价配合饲料或浓缩饲料，也可以直接作为产品销售给小型饲料厂、饲养场或农户，用于配制配合饲料。近年来，饲料添加剂发展日新月异，它的用量虽少，但增产效果显著，已成为配合饲料配方的关键技术和秘密焦点。预混合饲料生产工艺和设备比较简单，但对配料精度、混合均匀度、减少残留、防止交叉污染等方面要求很高，并要求混合设备等采用不锈钢材料制造。

（3）浓缩饲料。浓缩饲料主要由预混合饲料加上蛋白饲料，如饼粕、鱼粉、血粉等加工混合而成。它占配合饲料总量的20%～50%。饲养场或农户购买浓缩饲料后根据所需的营养水平和蛋白质含量再添加玉米粉、大麦粉、麸皮、米糠等能量饲料，即可配制成配合饲料。

浓缩饲料的生产工艺与配合饲料的粉状饲料的生产工艺相同，所以配合饲料厂的粉料生产线也可以生产浓缩饲料。

（4）精料补充料。由于牛、羊等反刍动物的日粮除了精料以外，还包括青饲料、青贮饲料和粗饲料等，所以牛、羊等反刍动物的精料补充料实际上是一种非全价配合饲料，由能量饲料、蛋白质饲料、矿物质饲料及添加剂组成，这是为草食动物配制生产的，它不能单独构成饲粮，主要用于补充采食饲草不足的那一部分营养。

2. 饲料产品按照外观特性分类

（1）粉状饲料。粉状饲料是指将粉碎后的颗粒状饲料原料（如玉米、大麦）和粉状的饲料原料（如鱼粉、次粉）及各种饲料添加剂按一定的配方要求，配合并均匀混合而成的粉状配合饲料（单一品种的粉状饲料称为粉状饲料原料）。

（2）颗粒饲料。颗粒饲料是将粉状饲料经过制粒工段加工后形成的颗粒状配合饲料。颗粒饲料与粉状饲料相比具有很多优点：①可提高饲料转化率，一般可以使饲料转化率提高10%；②颗粒饲料营养全面、均衡，可有效防止动物挑食；③避免饲料在包装、运输、喂养过程中产生分级；④颗粒饲料比粉状饲料密度提高了40%～80%，减少了储存和运输体积，从而降低了储存和运输的成本；⑤颗粒饲料流动性好，在生产、储存和喂养时不会结拱；⑥缩短了畜禽的采食时间，并可增加采食量；⑦在制粒过程中，通过蒸汽加热和制粒加压等处理，可以去除饲料中的部分抗营养因子及大肠杆菌、沙门氏菌等致病菌，使饲料对动物和人体更安全；⑧减少饲料的损失和浪费，在送料和喂养时，粉状饲料受风吹造成的损失和喂养时吃不干净等因素造成的浪费一般可达 8% ～ 10%；⑨在配方改变时畜禽容易接受（在不同的生长期均需采用不同的配方）。

（3）膨化饲料。膨化饲料是将粉状饲料经过膨化工段加工后形成的膨化颗粒配合饲料。膨化饲料除具有颗粒饲料的优点，如适口性好、避免饲料分级、便于运输和喂饲、减少采食过程中饲料浪费等以外，还有以下优点：①经过膨化过程中的高温、高压处理，使淀粉糊化、蛋白质组织化，有利于动物消化吸收，提高了饲料的消化率和利用率，如鱼类膨化饲料可提高消化率 10% ～ 35%；②原料经高温、高压处理可杀死多种细菌，能预防动物发生各种疾病；③膨化饲料可制造出各种不同密度的颗粒饲料，能生产浮于水面的浮性饲料，也能生产沉于水下的沉性饲料或慢沉性饲料，适合上、中、下层各种鱼类养殖；④模板可制成不同形状的模孔，便于制造出不同形状、受动物所喜爱的膨化颗粒饲料。

但膨化饲料也有缺点：①由于高温、高压处理对维生素和氨基酸有较大的破坏作用，现在一般采用先膨化、后喷涂的添加办法来解决；②膨化工序耗电量大、产量低、成本高（一般从高档饲料的报酬中来回收）。

膨化饲料又分为部分膨化饲料和全膨化饲料。部分膨化饲料是指将大豆、豆粕或玉米等原料经膨化处理后，再与其他原料配比混合后经制粒机生产成的颗粒饲料。全膨化饲料是指将所有原料（后添加的除外）经膨化处理生产出的颗粒饲料。

三、饲料配方与饲料报酬

1. 饲料配方

饲料配方是指根据各种饲料原料营养成分的含量和参照相应的饲养标准制定出的各种饲料原料在配合饲料中各自占有的相对比例。如果饲料配方的营养水平过低，则满足不了畜禽生长的需要；但过高的营养水平和各营养因子间的不平衡，不但不能使畜禽完全吸收，造成很大的浪费，而且大大提高了饲料成本，这都是不合适且不受用户欢迎的。将各种不同原料配制得总体营养水平符合需要、营养平衡，既能保证良好的养殖效果，又尽可能降低成本，这就是饲料配方设计的总的要求，满足这个要求的配方就是优质配方。优质配方也是生产优质饲料的首要条件，不同的养殖对象、不同的生长阶段所需要的营养是不完全相同的，所以针对具体的养殖对象，要有相应的原料组合，也就是要采用不同的配方。例如，养猪就要分种猪、育肥猪、仔猪、乳猪等不同生长阶段，然后喂养不同配方的饲料。随着原料品种、产地及环境条件的不同，也需要对饲料配方进行相应的调整，因此制定和调整饲料配方是饲料厂技术部门的一项经常性的技术工作。

2. 饲料报酬

饲料报酬是指获得的产品与所投喂的饲料之间的比例关系，即生产 1 千克畜禽产品（或体重增加 1 千克）所消耗的饲料量。饲料报酬又称为饲料转化率或料肉比、料蛋比。

四、饲料加工设备分类

1. 输送设备

（1）机械输送设备：螺旋输送机、刮板输送机（U 形）、斗式提升机（自清式）。

（2）气力输送装置。

2. 分配设备

分配设备一般包括闸门、三通、四通、旋转分配器。

3. 清理设备

（1）筛分设备：圆筒初清筛、双层圆筒初清筛、圆锥粉料清理筛。

（2）磁选设备：磁板、篦式磁选器、永磁筒、永磁滚筒。

4. 粉碎设备

（1）喂料器（叶轮式）。

（2）粉碎机：分为锤片式粉碎机 [有轴向进料（自吸式）、切向进料（半筛式）和顶部进料（水滴式）三种]、立式超微粉碎机、微细分级机。

5. 配料设备

配料设备包括喂料器（螺旋式、叶轮式）和配料秤（秤斗、排料机构、传力连接件、传感器、称重仪表和电子线路）。

6. 混合设备

（1）卧式混合机：螺带式卧式混合机、双轴桨叶式卧式混合机、单轴桨叶式卧式混合机、螺带桨叶式卧式混合机。

（2）其他形式混合机：立式混合机、转鼓式混合机、V 形混合机、三维混合机。

7. 制粒设备

（1）喂料器（螺旋式）。

（2）调质器：桨叶式（单层、双层、三层）调质器、双轴差速式调质器。

（3）制粒机：平模、环模［齿轮传动、带传动（单电动机、双电动机）］。

（4）冷却设备：流化床、振动流化床、滚筒式流化床、塔式流化床、逆流式流化床（往复排料、摆动排料）。

（5）碎粒设备：碎粒机。

（6）分级设备：振动筛、平面回转筛。

8. 膨化设备

（1）膨化方式：干法膨化、湿法膨化。

（2）膨化机：单螺杆挤压膨化机、双螺杆挤压膨化机。

9. 通风除尘设备

通风除尘设备一般包括旋风分离器（又称离心除尘器、沙克龙）、脉冲布袋滤尘器、风机。

10. 包装设备

包装设备一般包括电子包装秤、缝口机、带输送机。

第2章　料仓

料仓是现代饲料工业生产中不可缺少的配套装置，凡涉及原料进车间、粉碎、配料、混合、制粒和包装等工序时，均需配以相关的料仓，以获得连续生产。在饲料行业中，车间内应用的料仓有原料仓、配料仓、缓冲仓（又称为中间仓，如待粉碎仓、待制粒仓等）和成品仓。大型饲料厂储存散装粒状原料时，一般选用立筒仓，饲料厂存放袋装原料和成品时多选用房式仓。

一、料仓内物料的流动形式

物料储存在料仓内，排料时有两种流动方式，即整体流和漏斗流，还有可能物料结拱（也称搭桥）排不出料。整体流符合“先进先出”原则，即先进仓的物料排料时先排出。物料批次之间、不同高度之间无交叉，这是理想的也是一般所要求的流动方式；反之，如果料仓内物料层的流动区域呈漏斗状（又称为抽心），即只有料仓中央部分形成料流，而周围物料停滞不动，造成“先进后出”现象，这种情况会减少料仓的有效容积，积存不动的物料时间长了容易变质，排料不稳定，时多时少，或者容易造成物料结拱，这些都是不符合饲料加工的物流要求的，应尽量避免。料仓内物料流动状态示意如图 2-1 所示。

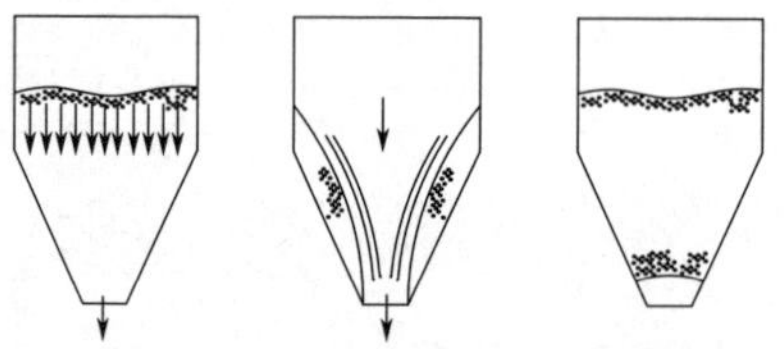

图2-1　料仓内物料流动状态示意

物料在料仓中发生闭塞（结拱或抽心）现象，是由物料层受到压缩而引起的。流动性差的粉状饲料特别容易发生这种情况。另外，过小的卸料口也容易发生结拱现象，所以在料仓的形状、结构、尺寸、出口等方面都应加以考虑。

二、料仓的种类

按料仓仓体的截面形状分，有圆形仓和矩形仓（含方形）两类。与矩形仓相比，圆形仓的优点是强度高，仓斗无死角，卸料时容易排空；缺点是组成仓组时空间利用率较差，对外大型料仓采用较多。矩形仓可相互利用仓壁，空间利用充分，占地面积小，而且分割成不同仓容时，既方便又容易，所以室内采用得多。料仓的组合形式和截面形状如图 2-2 所示。

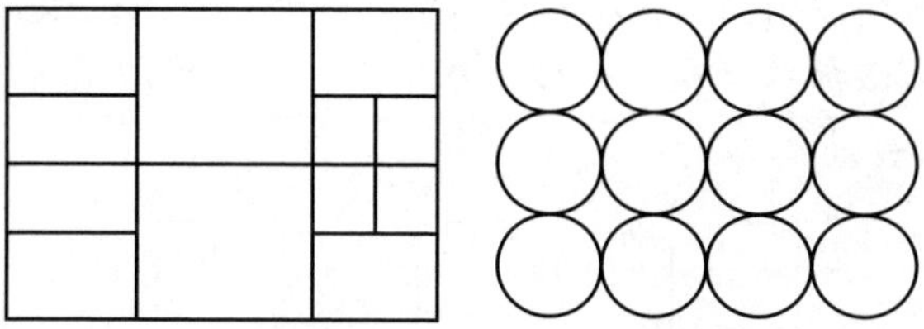

(a) 矩形仓组　(b) 圆形仓组

图2-2　料仓的组合形式和截面形状

三、仓斗的形式

仓斗、卸料口形状与位置的合理确定，对防止结拱、促使仓内物料形成整体流具有决定性的意义。仓斗的卸料口位置有中心卸料、侧边卸料或边角卸料三种。后两种由于不存在对称式，结拱的可能性较小。但在相同的仓斗倾角要求下，仓斗的高度要大一些。为获得整体流，避免物料结拱，除了常见的对称仓斗和非对称仓斗外，还有鼻形仓斗、曲线仓斗、二次扩大仓斗等。料仓形式示意如图 2-3 所示。

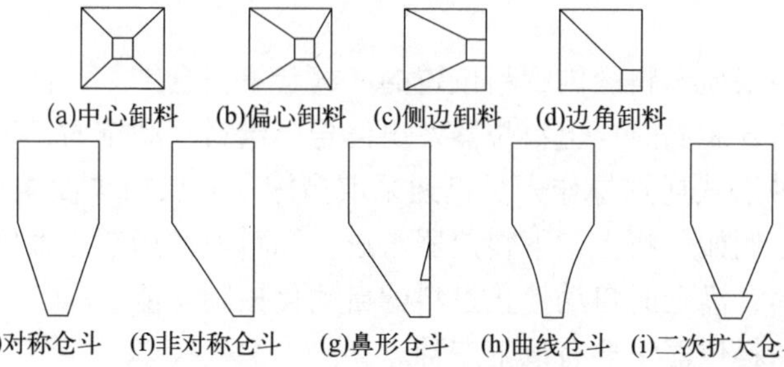

(a)中心卸料　(b)偏心卸料　(c)侧边卸料　(d)边角卸料

(e)对称仓斗　(f)非对称仓斗　(g)鼻形仓斗　(h)曲线仓斗　(i)二次扩大仓斗

图2-3　料仓形式示意

四、防拱和破拱措施

料仓在饲料工厂中起着储存、改变物料的传送方向及速度（或流量）等重要作用。一旦料仓发生堵塞，将导致工艺过程的停顿及产品质量不合格等，给企业带来重大损失。

1. 常用的防止结拱措施

（1）增大卸料斗壁的倾角。

（2）增大卸料口尺寸。

（3）采用偏心卸料口、非对称料斗或其他形式的仓斗。

（4）仓内壁涂环氧树脂，减小粉体与机壳的摩擦系数，增强流动性能。

（5）仓内嵌入改流体（垂直挡板、水平挡板、锥形改流体）。料仓中改流体的安装形式如图 2-4 所示。

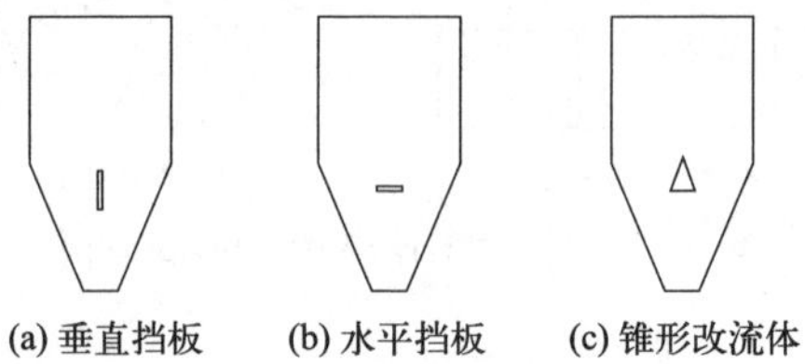

图2-4　料仓中改流体的安装形式

2. 常用的机械破拱措施

（1）振动破拱，安装仓壁振动器或振动料斗。

（2）气力破拱，采用压缩空气喷吹压实的物料。

（3）在卸料斗内安装机械搅动防拱装置。

五、料位器

料位器是用来显示料仓内物料位置的（满仓、空仓或某一高度的料位）一种监控装置。当料仓装满时，上料位器发出信号；当料仓卸空时，下料位器发出信号；以声光两种形式通知操作人员迅速采取措施（开启或关闭相关设备），保证生产正常运行。例如，将上、下料位器与进、卸料设备用继电器联锁，即可实现空仓时自动进料、满仓时自动停止进料的自动化控制功能。

当前常用的料位器主要有以下三种。

1. 薄膜式料位器

将薄膜式料位器安装在料仓壁的开孔处，薄膜由橡胶或其他弹性材料做成。当薄膜受到物料的侧压力而变形时，通过重锤杠杆机构触动微动开关发出信号。物料压力消失后，重力使薄膜复位，信号消失。

2. 阻旋式料位器

阻旋式料位器是由小型同步电动机、减速机构、微动开关和探头叶片等组成的。安装时叶片伸入仓斗内，工作时叶片做低速旋转，当叶片受到物料的阻力停止转动时，微动开关即发出有料信号，当物料流失后，叶片继续转动，信号消失。

3. 电容感应式料位器

电容感应式料位器是应用电容式接近开关的工作原理制成的。它是一种集成电路产品，具有抗干扰能力强、使用寿命长、安装调试方便、价格低廉等优点，因此在现代饲料行业中被广泛应用。

第3章 输送设备

输送设备是粮油加工厂和饲料加工厂的通用设备。输送设备分为机械输送设备和气力输送装置两大类。饲料行业常用的机械输送设备有螺旋输送机、刮板输送机和斗式提升机。

第一节 螺旋输送机

一、工作原理和结构特点

螺旋输送机俗称绞龙，利用螺旋叶片（或桨叶）的旋转推动物料沿着料槽向前移动而完成水平、倾斜和垂直方向的输送任务。其工作原理是螺旋叶片在料槽内旋转推动物料克服重力、对料槽的摩擦力等阻力而沿着料槽向前移动。对于垂直输送的立式螺旋输送机（俗称立绞龙或垂直绞龙），螺旋叶片要克服物料重力及离心力对槽壁所产生的摩擦力而使物料向上移动，因此，其必须具有较大的动力和较高的转速，故又称为快速螺旋输送机。一般螺旋输送机螺旋转速较低，称为慢速螺旋输送机。将螺旋形状做某些变化（如满叶式、螺带式、月牙式、桨叶式）有着不同的作用，可完成不同的任务，如用作供料装置（螺旋喂料器）、搅拌装置（立式混合机、液体添加混合机、调质器）和加压挤出设备等。螺旋叶片的四种不同形式如图 3-1 所示，螺旋输送机（绞龙）结构示意图如图 3-2 所示，螺旋输送机外形如图 3-3 所示。

二、螺旋输送机的优点

（1）料槽是封闭的，密封性好，适用于不易破碎的颗粒饲料和粉状饲料的输送。

（2）结构紧凑，可以挂在天花板上，也可以放在地面上或架子上，占用空间小。

（3）构造简单，零部件少，工作可靠，维护操作方便，成本较低。

（4）在输送过程中可以完成其他工艺要求（如混合、添加液体、冷却或调质）。

（5）物料输送方向是可逆的，一台输送机可以同时向两个方向输送物料（由两边向中心或由中心向两边）。

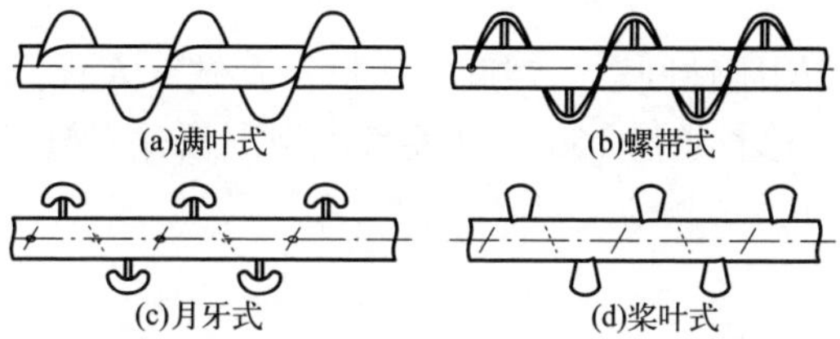

图3-1　螺旋叶片的四种不同形式

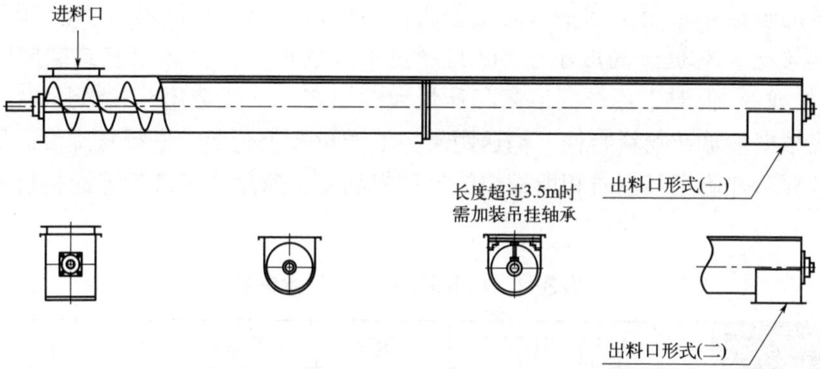

图3-2　螺旋输送机（绞龙）结构示意图

图3-3　螺旋输送机外形

三、螺旋输送机的缺点

（1）由于物料对叶片和料槽的摩擦作用和物料的搅拌作用，所以能耗相对较大，同时容易引起物料的破碎，故一般不能输送易破碎的物料。

（2）对叶片和料槽磨损较快，机壳的维修和叶片的更换相对比较频繁。

（3）对超载比较敏感，进料不均匀，容易造成堵塞。

（4）不宜输送纤维含量多的物料（带有较多秸秆、绳头），因为这些杂物易缠在叶片上，使效率降低，甚至发生堵塞。

（5）由于螺旋轴的刚性问题，螺旋输送机不宜做得太长，一般长度超过 3.5m 时需加装吊挂轴承。总长超过 15m，就要考虑用刮板输送机代替。立式螺旋输送机高度一般不超过 5m。

四、螺旋输送机的选用

螺旋输送机常用于水平方向短距离物料输送，也可作倾斜角小于 20° 的倾斜物料输送；对提升高度小于 5m 且产量不大的地方，可选用立式螺旋输送机（垂直绞龙）；但对于提升高度高和产量大的地方，一般选用斗式提升机。

应根据被输送物料特性、输送距离、输送量及工艺要求进行螺旋输送机的选择和计算，并确定其型号和所配用的电动机功率。常用水平螺旋输送机技术参数见表 3-1。

表3-1　水平螺旋输送机技术参数

型号	TLSS12	TLSS16	TLSS20	TLSS25	TLSS32	TLSS40
输送能力/(m^3/h)	2 ~ 3.3	4.7 ~ 10	9.1 ~ 20	17.5 ~ 40	34.9 ~ 90	50 ~ 130
螺旋外径/mm	120	160	200	250	320	400
螺距/mm	120	160	200	250	250	320
转速/(r/min)	60 ~ 190	60 ~ 160	60 ~ 140	60 ~ 120	60 ~ 120	60 ~ 120
配用功率/kW	0.5 ~ 2.2	0.75 ~ 4	1.5 ~ 5.5	2.2 ~ 7.5	3 ~ 11	3 ~ 15

注：以TLSS25为例，T表示粮油机械通用设备，LS表示螺旋输送机，S表示水平式（L则表示立式），25表示螺旋叶片直径为25cm。

第二节 刮板输送机

一、工作原理和结构特点

刮板输送机是利用固定在牵引构件（链条）上的刮板从进料口沿着料槽拖带

着物料向前运动，并在出口处卸料的输送设备。主要由刮板链条、机槽、拖轮、驱动轮、张紧轮、进料口、卸料口、传动装置等组成。工作时，链条与安装在链条上的刮板被驱动轮带动，物料受到刮板向前运动的推力，克服与机壳的摩擦阻力，形成一个连续的整体进行输送，达到将进料口进入的物料沿机槽输送到出料口卸料的目的。它适合较长距离地输送大小均匀的块状、颗粒状和粉状的物料。刮板输送机有水平、倾斜和垂直输送三种形式。水平刮板输送机根据刮板结构形式又分为水平刮板输送机和U形刮板输送机两种形式，水平刮板输送机又称平刮板输送机。平刮板输送机在机槽两边会留有一些残留物。U形刮板输送机可以做到基本没有残留，所以又称为自清式刮板输送机，特别适用于饲料加工厂中预混料和配合饲料粉料的输送。

水平刮板输送机结构示意图及外形分别如图3-4、图3-5所示。U形刮板输送机结构示意图如图3-6所示。

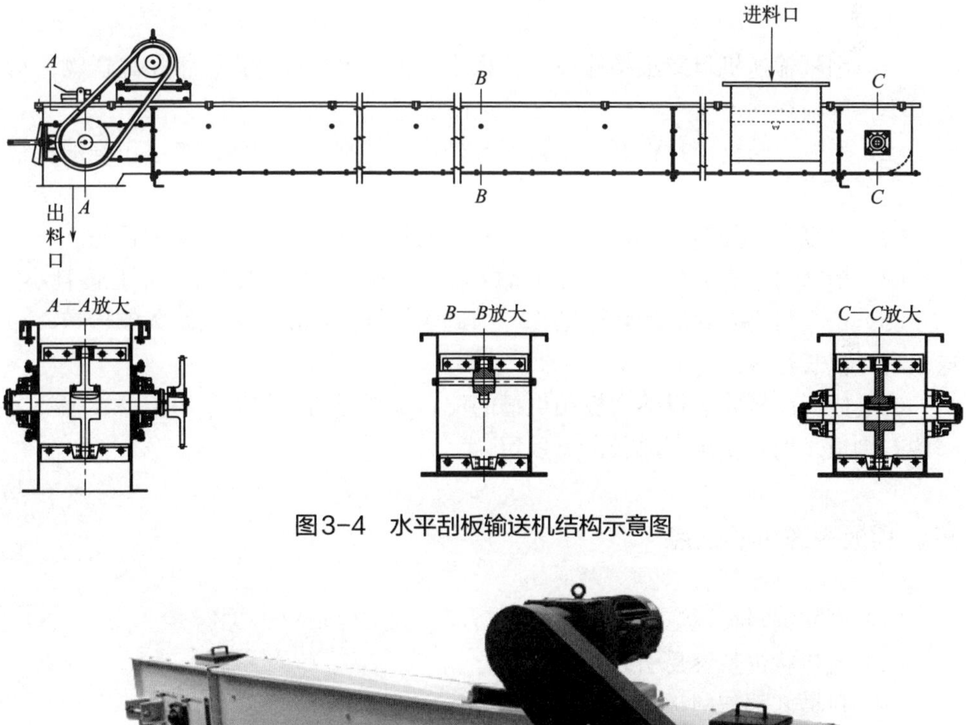

图3-4　水平刮板输送机结构示意图

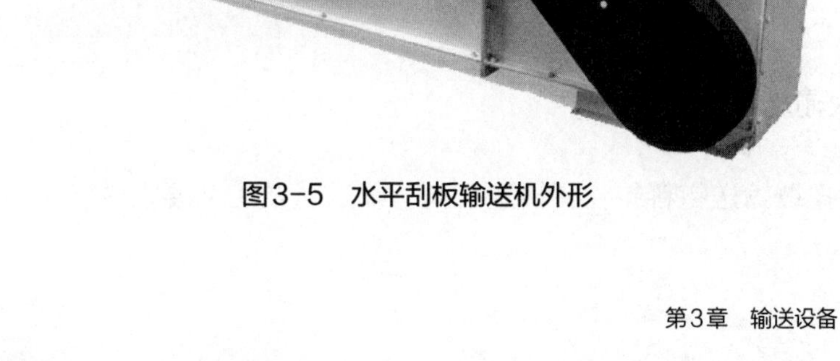

图3-5　水平刮板输送机外形

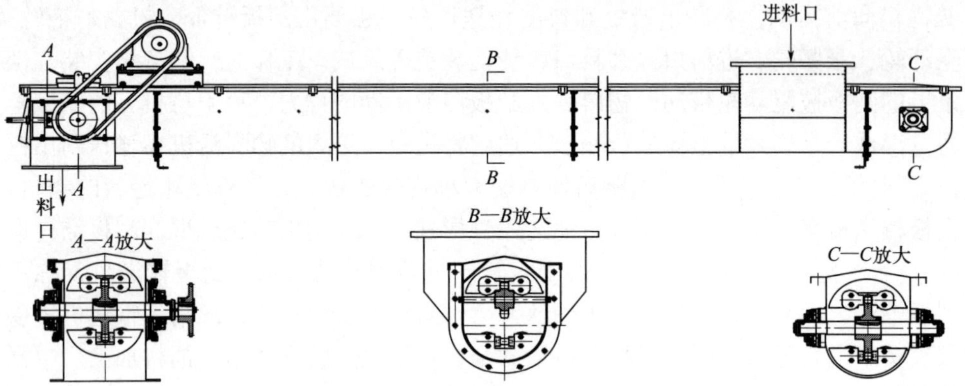

图3-6 U形板输送机结构示意图

二、刮板输送机的优点

（1）刮板输送机具有结构简单、体积小、输送量大等特点，根据输送物料量的大小，刮板线速度可在0.3～0.7m/s之间选用。

（2）刮板输送机密封性好，物料不会外溢。其制造、安装、使用和维护都很方便。

（3）可以多点加料，也可以多点卸料，物料损耗少，工人劳动条件好。

（4）相同输送量比螺旋输送机机槽截面面积小，占地面积也小，而且能耗小。

（5）由于料槽是封闭的箱形结构，因此刚性好，可以作较长距离的输送。输送距离可以长达80m。

（6）U形刮板输送机的刮板和机槽的配合是弧形的，刮板采用抗磨性强的工程塑料制成，而且使用寿命长，无残留。

三、刮板输送机的缺点

（1）颗粒饲料在运送过程中可能被挤碎，其破碎率可达3%～5%；

（2）对粉状饲料容易引起浮链；

（3）料槽底部与刮板磨损较快。

为了安全生产，应配置流量控制装置，以及出口处设置防堵料位器或行程开关。

四、刮板输送机的选用

应根据被输送物料特性、输送距离、输送量及工艺要求进行刮板输送机的选择和计算，并确定其型号和所配用的电动机功率。水平刮板输送机和U形刮板输送机倾斜安装时倾角一般小于15°。常用刮板输送机技术参数见表3-2和表3-3。

表3-2 TGSS水平刮板输送机技术参数

型号	TGSS16	TGSS20	TGSS25	TGSS32	TGSS40
输送能力/（m^3/h）	30	50	70	100	180
刮板速度/（m/s）	0.45	0.45	0.45	0.45	0.45
机槽有效工作面积（宽×高）/mm^2	160×160	200×200	250×250	320×320	400×400
最大输送距离/m	50	50	60	60	80
刮板链条节距/mm	80	100	125	160	180
刮板间距/mm	160	200	250	320	360

注：以TGSS25为例，T表示粮油机械通用设备，GS表示刮板输送机，S表示水平刮板（U则表示U形刮板），25表示刮板料槽宽度为25cm。

表3-3 TGSU刮板输送机技术参数

型号	TGSU16	TGSU20	TGSU25	TGSU32	TGSU40
输送能力/(m^3/h)	13.5～16	32～40	47～60	67～93	100～135
刮板速度/(m/s)	0.4	0.4	0.4	0.4	0.4
U形机槽直径/mm	168	208	258	328	408
最大输送距离/m	40	50	60	70	80

第三节 斗式提升机

一、工作原理和结构特点

斗式提升机是指环绕在头轮（驱动轮）和尾轮（张紧轮）上的环形牵引构件（畚斗带），每隔一定距离安装一个畚斗，通过传动装置驱动头轮带动牵引构件在提升管中运行，由畚斗完成物料由下而上的提升（在机座装料，到机头卸料），是粮油、饲料加工厂通用的垂直输送设备。

斗式提升机种类较多，按畚斗的深浅可分为深斗型和浅斗型；按有无畚斗底可分为有底型和无底型；按牵引构件不同可分为皮带式和链条式；按提升管外形不同可分为方形和圆形；按卸料方式不同可分为离心式、重力式和混合式。

斗式提升机工作时，物料由进料口均匀进入机座并装进畚斗中，然后被提升到机头，当畚斗绕过头轮顶部时，物料被倾倒出来，由机头出口流入下一道作业工序。斗式提升机的工作可分为三个过程：装料、提升和卸料。其关键是装料和卸料。畚斗的装料过程有两种方式，即顺向进料和逆向进料。进料方向与畚斗运动方向一致的叫顺向进料，不一致的叫逆向进料。顺向进料和逆向进料时，进料口的高度安排是不同的。逆向进料时，进料口的高度比较高，物料直接进入已做垂直提升运动的畚斗中。如果进料口偏低，尚在做圆形运动的畚斗会将物料甩出来，形成无法装料的情况。而顺向进料时，进料口的高度要比较低，物料进入机座底部空腔，畚斗在绕尾轮转动时将物料挖入其中，然后做直线提升运动。两种进料方式在选用时要根据物料进入和排出的方向来决定。

斗式提升机的卸料方式有三种：离心式、重力式和混合式。该分类主要是根据头轮的转速不同。离心式卸料是指因轮速较高，物料被离心力抛出的卸料方式。重力式卸料是指因轮速较低，离心力不大，物料主要靠重力落下的卸料方式。混合式卸料是介于两者之间的一种卸料方式。

一般提升机机座尾轮还起到调节、张紧畚斗带的作用，所以具有一定距离的调节空间，该空间容易积存输送物料。为了减少存料现象，自清式斗式提升机采用底座下部机壳与张紧轮（尾轮）保持固定间隙，在张紧调节时一起移动的方式，使可能的存料量达到很少。

还有一种进一步减少存料量的方式，即装上压缩空气喷嘴，在斗式提升机工作结束、停机前用高压空气吹喷，吹起来的物料被畚斗带走，自清式斗式提升机的存料量就可以减到最少。自清式斗式提升机主要应用在混合后的粉料、预混料等必须防止物料交叉污染的地方。

二、斗式提升机的优点

斗式提升机结构示意图及外形分别如图 3-7、图 3-8 所示，其优点如下。

（1）斗式提升机提升物料稳定、提升高度高、输送量大。

（2）全封闭结构，密封性好，没有粉尘外溢。

（3）按垂直方向输送物料，所以占地面积很小。

（4）电耗小。

三、斗式提升机的缺点

（1）输送物料种类受到一定限制，只适用于散粒物料（粉状饲料和颗粒饲料）。

（2）过载敏感度高，容易堵塞，必须控制给料速度。

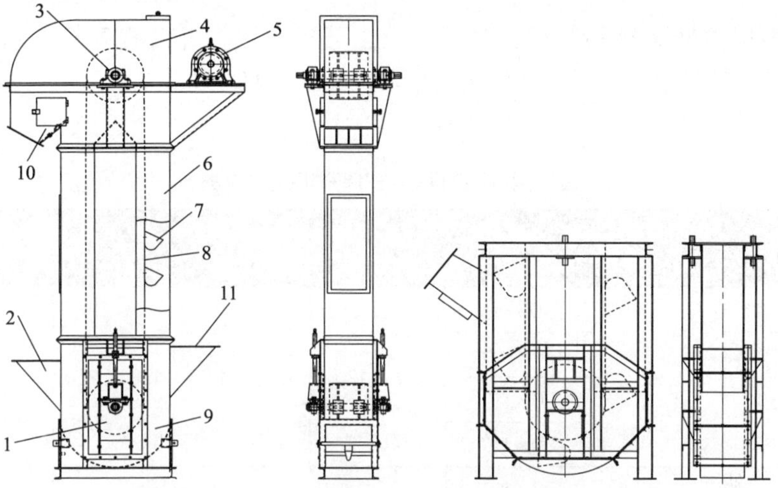

(a) 斗式提升机结构示意图　　(b) 自清式斗式提升机底座结构示意图

图3-7　斗式提升机结构示意图

1—尾轮；2—顺向进料口；3—头轮；4—机头；5—电动机；6—机筒；
7—畚斗；8—畚斗带；9—机座；10—出料口；11—逆向进料口

图3-8　斗式提升机外形

四、斗式提升机的选用

应根据被输送物料特性、输送量及工艺要求进行斗式提升机的选择和计算，并确定其类型、型号和所配用的电动机功率。TDTG 斗式提升机技术参数见表 3-4。

表3-4　TDTG斗式提升机技术参数

型号	头轮直径/mm	畚斗规格宽度×凸度/mm	头轮转速/(r/min)	畚斗线速度/(m/s)	畚斗间距/mm	最大提升高度/m
TDTG26/11	260	110×90	80 ~ 120	1.09 ~ 1.63	150 ~ 250	20
TDTG26/13		130×110				
TDTG26/18		180×110				
TDTG26/23		230×110				
TDTG36/13	360	130×110	55 ~ 105	1.04 ~ 1.98	150 ~ 300	25
TDTG36/18		180×125				
TDTG36/23		230×125				
TDTG36/28		280×125				
TDTG48/13	480	130×125	50 ~ 80	1.26 ~ 2.17	250 ~ 400	30
TDTG48/18		180×140				
TDTG48/23		230×140				
TDTG48/28		280×140				
TDTG63/18	630	180×140	40 ~ 60	1.34 ~ 1.98	250 ~ 400	35
TDTG63/23		230×155				
TDTG63/28		280×155				
TDTG63/32		320×155				

注：以TDTG36/28为例，T表示粮油机械通用设备，DT表示斗式提升机，G表示固定式，36表示头轮直径为36cm，28表示畚斗宽度为28cm。

第四节 气力输送

气力输送是利用风机在管道内形成的空气压差和一定的流速来带动并输送物料的方法。它适用于港口码头、面粉加工厂和饲料加工厂，也可用于其他行业。

一、工作原理

气力输送有三种方式，即吸送式、压送式和混合式。它们的工艺布置如图 3-9 所示，其中用得最多的是吸送式，它的工作原理：风机安装在风网的末端，整个管路系统处于负压状态，物料和空气形成混合物从吸嘴吸入，经风管进入沙克龙，物料在沙克龙中与空气分离，物料沉降并经关风器排出，带尘空气经过脉冲除尘器过滤后，由风机将其排入大气中。吸送式气力输送由于处于负压状态下工作，所以没有粉尘飞扬，物料可以从几处向一处集中输送，但是管路沿途的各个部件均要求密封，以免漏风。它与通风除尘的工作原理是一样的，所不同的是一个输送的是物料，一个输送的是粉尘。所以关于气力输送的详细知识，将在后面的通风除尘章节中进一步讲解。这里先介绍气力输送装置的三种输送方式的工艺布置图。气力输送装置示意图如图 3-9 所示。

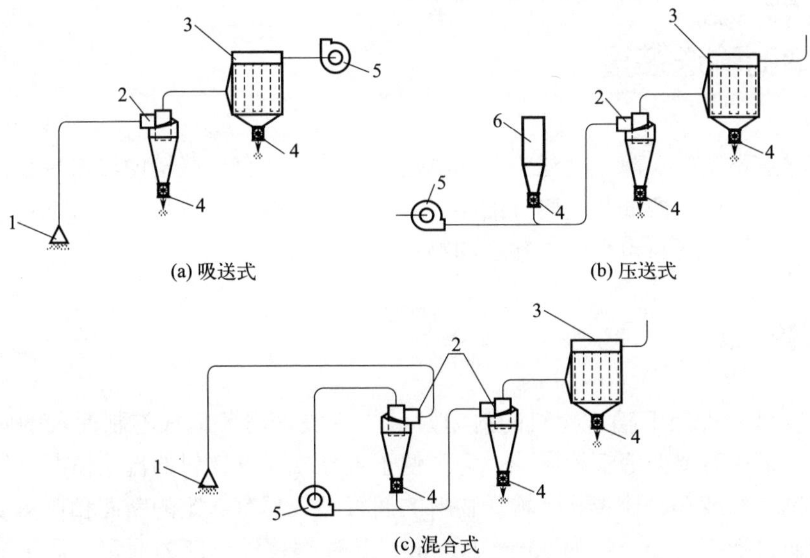

(a) 吸送式

(b) 压送式

(c) 混合式

图3-9　气力输送装置示意图

1—吸嘴；2—沙克龙；3—脉冲除尘器；4—关风器；5—风机；6—料斗

二、气力输送的优点

（1）设备简单，易于制造安装和维修。

（2）工艺布置灵活，可以用作水平、垂直和倾斜等多种形式的输送。

（3）密封性好，可以有效控制粉尘的外扬，从而大大改善车间的环境，有利于安全生产。

（4）生产率和自动化程度较高。

（5）采用气力输送方法，除了能进行物料的输送外，还可以起到除尘、除杂和降温的作用。

三、气力输送的缺点

（1）动力消耗比其他输送方式大。

（2）管道磨损较快，尤其是弯头部分。

（3）在物料输送完成后、气流排出前必须经过一定的过滤处理，保证排出的空气中含尘浓度达到国家的排放标准要求。

（4）由于必须使用风机，所以噪声较高，有需要的可以加装消声器。

第五节 物料辅助输送装置

在输送系统中，除了上述主要的输送设备外，还有一些辅助输送装置，如溜管、闸门、三通、四通和旋转分配器等，可使物料顺利到达目标设备或料仓。辅助输送装置的共同特点是不对输送的物料施加动力。

一、溜管

溜管是一种向下输送物料的封闭管道。一般是用薄钢板卷制而成的圆形管道，也可采用薄壁无缝钢管做成。为了便于观察或检查物料的流动情况，局部可采用有机玻璃或开设检查孔。输送物料的溜管必须具有一定的断面和倾斜度：饲料厂的溜管断面直径一般为 75 ～ 250mm，具体根据输送能力而定。溜管的最小倾斜角度则根据溜管材料和输送物料的物理特性而定。

二、闸门

料仓、秤斗的进料和卸料不可能无止境地进行，进行到一定程度或一定数量时需要停止进料和卸料，通常采用闸门来实现。

闸门有多种规格，可根据排料口尺寸来选用。闸板开启的大小控制着物料流量的大小，可以通过限位块或行程开关来实现控制。

常用的闸门主体结构有平板闸门和弧形闸门两种，平板闸门和弧形闸门结构示意图分别如图 3-10、图 3-11 所示，气动平板闸门外形如图 3-12 所示，电动平板闸门外形如图 3-13 所示。

其控制方式有以下三类。

（1）手动闸门：用人工操作来实现闸门的开闭。用于开闭次数不频繁且没有自动化要求的场合。

（2）电动闸门：用电动机驱动螺杆来实现闸门的开闭。常用于无压缩空气的场合。

（3）气动闸门：用压缩空气推动气缸中的活塞位移来实现闸门的开闭。在有压缩空气的场合，大多采用这种驱动方式。这种方式一般不会出现损坏机件的事故。

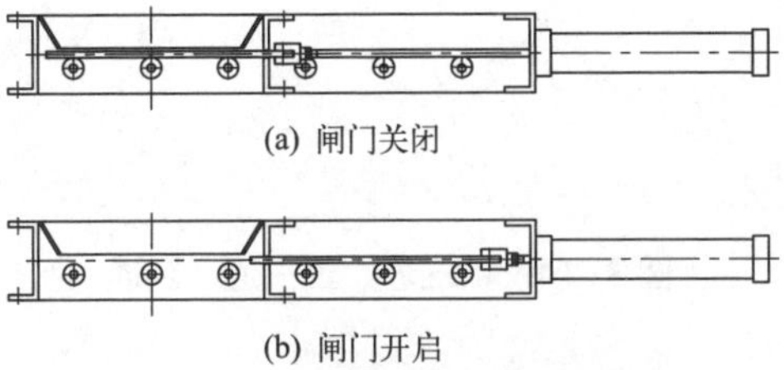

图3-10　平板闸门结构示意图

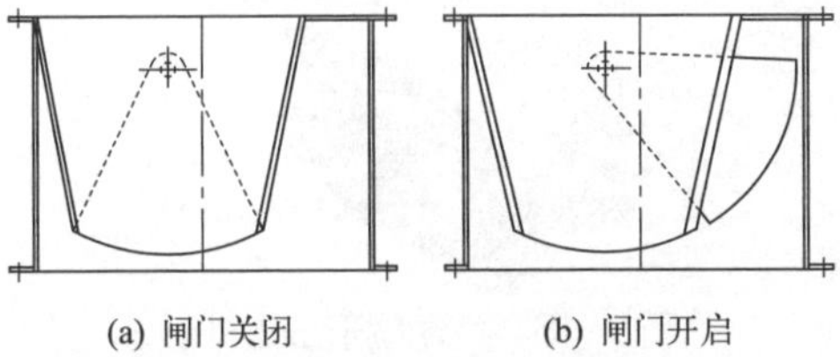

图3-11　弧形闸门结构示意图

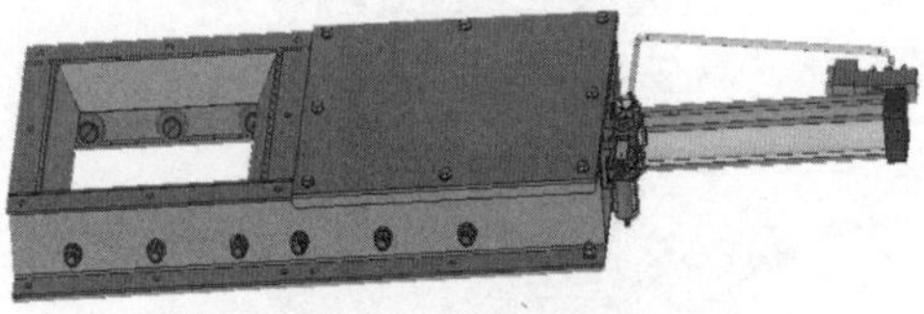

图3-12　气动平板闸门外形

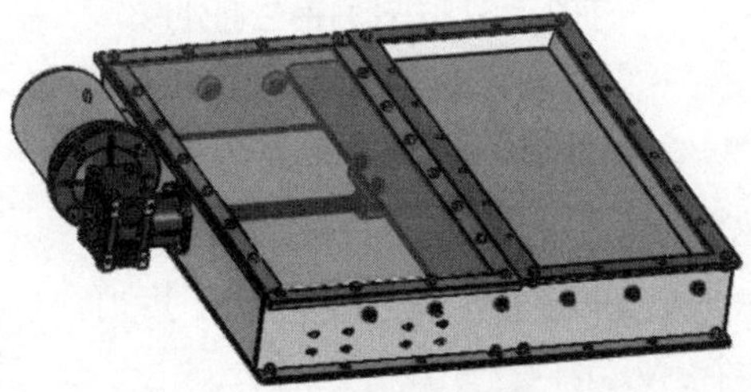

图3-13　电动平板闸门外形

三、三通、四通

当物料按工艺要求，需要分别从两个或三个出口流出时，就需要配置三通或四通。三通又分旁三通和正三通两类。三通、四通的驱动方式与闸门相同，有手动、电动和气动三种方式，其适用情况也相同。侧三通、正三通、四通如图 3-14 所示。气动圆形和电动方形三通外形分别如图 3-15、图 3-16 所示。

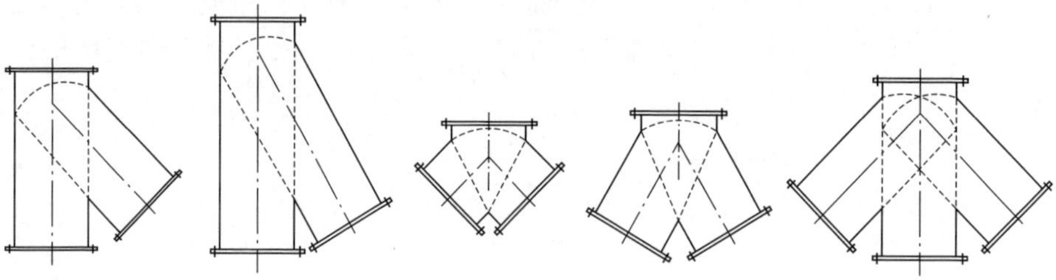

(a)45°侧三通　(b)60°侧三通　(c)45°正三通　(d)60°正三通　(e)四通

图3-14　侧三通、正三通、四通

图3-15　气动圆形三通外形

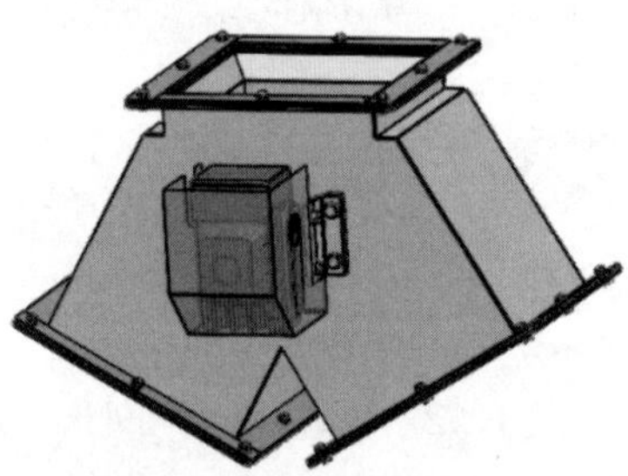

图3-16　电动方形三通外形

四、旋转分配器

旋转分配器是一个圆锥形设备，顶部是物料的进口，底部外圈分别开设多个出口（可为四个、六个、八个、十个、十二个），由一个可旋转的斜置溜管与它们分别连通，实现一个进口可以分别流入相应的指定出口，特别适用于料仓群上部。旋转分配器由进料口、旋转斜置料管、出料口、传动机构、定位机构、检查窗、外壳等组成。根据输送量的大小、出口的数量要求，选用不同管径大小、不同规格的旋转分配器。旋转分配器主要技术参数见表3-5。

表3-5　旋转分配器主要技术参数

型号	TFPX200	TFPX250	TFPX300	TFPX320
出料管数/个	4、6、8、10、12	4、6、8、10、12	4、6、8、10、12	4、6、8、10、12
输送量/（t/h）	30 ~ 40	40 ~ 60	60 ~ 80	70 ~ 90
功率/kW	0.55	0.55 ~ 0.75	0.75	0.75

注：以TFPX250-8为例，T表示粮油机械通用设备，FP表示分配器，X表示旋转式，250表示旋转料管直径为250mm，8表示包括8个旋转工位。

旋转分配器的技术关键是要求能自动调位、定位准确、重复性好、不得有累计误差等。当按下所需仓号的按键后，电动机通过传动机构带动斜置料管转动，待转到所需仓号并对准后，电动机自动断电，斜置料管被准确地锁定在该仓位的出口处。控制屏上相应仓位的指示灯点亮，这时即可向该料仓送料。调换仓位时，只要按下所需仓位的按键，即可重复上述动作，完成转仓任务。八工位旋转分配器结构示意图如图3-17所示，旋转分配器外形如图3-18所示。

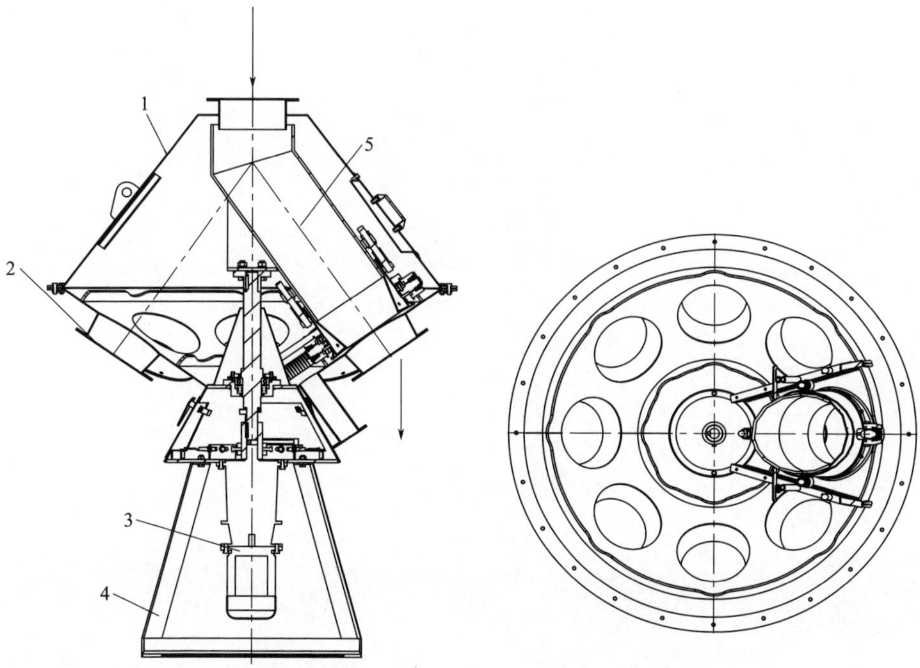

图3-17　八工位旋转分配器结构示意图

1—外壳；2—出口料管接头；3—电动机及减速器；4—底座；5—旋转料管

使用中应注意以下两点：①为了保证定位正确，电气设计中斜置料管只能做单向旋转，不能做逆向旋转；②在进料时，绝不允许变换仓位。若要调换仓位，必须在停止进料后进行。

图3-18　旋转分配器外形

第4章 清理设备

在饲料原料加工过程中，难免会混入一些沙子、石块、泥块、麻袋片、绳头、铁钉、垫片和螺钉等杂质。这些物质的混入，会使某些成分的含量超过饲料成品质量要求的允许含量，进而影响畜禽的生长；在加工过程中会加速设备工作部件的磨损，而且经常损坏机器，甚至可能造成人身事故，因此必须采取措施，清除饲料原料中的杂质及其加工过程中混入的杂质。

饲料原料清理的主要目的：一是保证饲料产品的含杂不要过量；二是保护加工设备，实现安全生产，减少设备损耗，以及改善加工场所的环境卫生。

饲料厂的清理设备主要包括两大类：筛选除杂设备和磁选设备。

第一节 筛选除杂设备

筛选除杂设备是根据物料颗粒与杂质的宽度、厚度和粒度大小不同，利用筛面的筛孔来进行分选的设备。在清理大杂质时，小于筛孔的物料穿过筛孔成为净料（筛下物），大于筛孔的杂质不能通过筛孔而被清理（筛上物）。在清理小杂质时，两者正好相反。饲料厂常用的初清设备有栅筛、圆筒初清筛、双层圆筒清理筛、圆锥粉料清理筛等。

一、栅筛

设在投料口处的栅筛是清理原料杂质的第一道防线。其主要功能是初步清理原料中的大杂质，保护后道工序（设备）和工人的安全。栅筛的间隙根据物料几何尺寸大小而定，玉米等谷物原料应为30mm左右，饼粕类原料应为40mm左右，应将其固定在投料口，同时应保证栅筛有一定的强度。在工作过程中，应及时清理筛面上的杂质。

二、圆筒初清筛

圆筒初清筛是广泛应用于饲料厂的原料清理设备。根据产量不同，主要有SCY-50、SCY-63、SCY-80和SCY-100四种大小不同的规格。它是由筛筒、清理刷、传动装置、机架、进料口、出料口、出杂口和吸风口等组成的。整个筛筒由主轴呈悬臂状支承，筛筒分前、后两段，靠近轴端的前段多用较大的筛孔，可使物料较快地过筛；而靠近出杂口的后段采用较小的筛孔，防止较大的杂质穿过筛孔混入净料中，而且在该段筛筒上装有导向螺旋，以便将杂质排向出杂口。为了避免筛孔堵塞，在筛架上装有清理刷，在顶部设有吸风口，及时吸走粉尘。该设备结构简单、造价低、单位面积处理量大、清理效果好、杂质中含量少、更换筛筒方便、占地面积较小。圆筒初清筛结构示意图及外形如图4-1、图4-2所示，圆筒初清筛主要技术参数见表4-1。

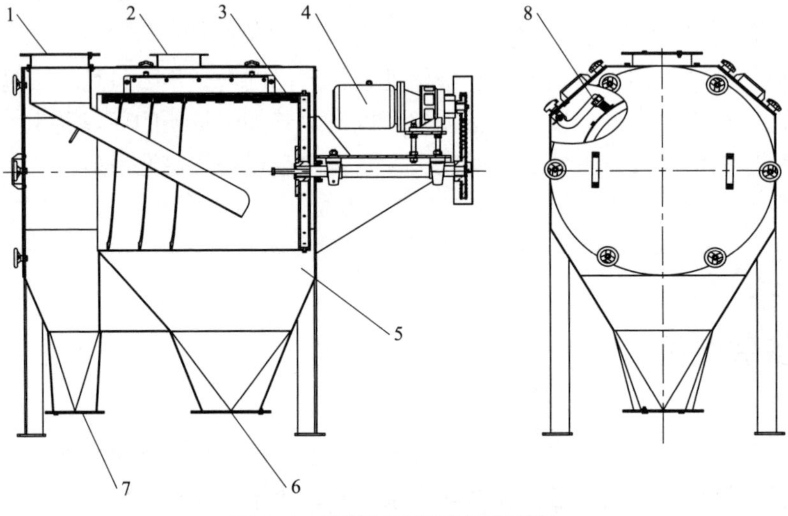

图4-1　圆筒初清筛结构示意图

1—进料口；2—吸风口；3—筛筒；4—电动机；5—箱体；6—出料口；7—出杂口；8—清理刷

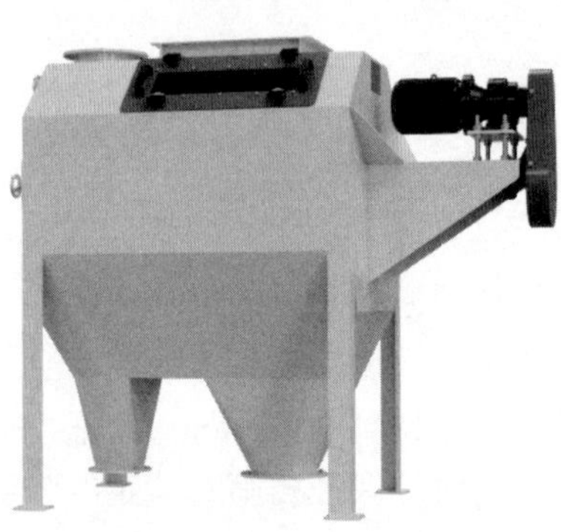

图4-2　圆筒初清筛外形

表4-1　圆筒初清筛主要技术参数

型号及规格	SCY50	SCY63	SCY80	SCY100
筛筒尺寸（直径×长度）/mm	500×640	630×800	800×950	1000×1089
筛筒转速/（r/min）	28	20	17	12
产量/（t/h）	10	20	40	60
需要吸风量/（m^3/min）	8	8	12	18
配用功率/kW	0.75	0.75	1.1	1.5

三、双层圆锥清理筛

双层圆锥清理筛的筛筒有里外两层，里层筛筒用大孔，作用是除大杂质，物料穿过筛孔，落到外层筛面上，大杂质不能穿过筛孔，从大杂质出口端排出。外层筛筒用小孔，物料在外层筛面上流动时，小杂质（主要是沙子、泥土等）穿过筛孔从小杂质出口排出。经过去除大、小杂质的洁净物料从净料口排出。双层圆锥清理筛结构示意图如图 4-3 所示。

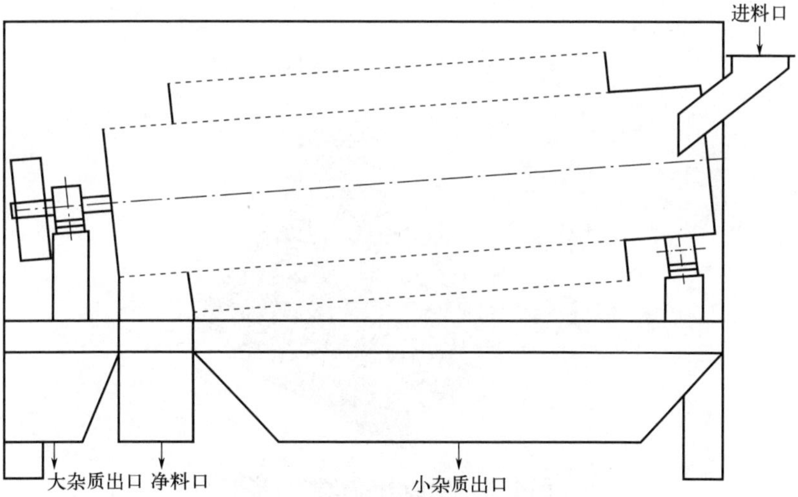

图4-3　双层圆锥清理筛结构示意图

四、圆锥粉料清理筛

圆锥粉料清理筛主要用于清理粉料和打碎结团物料，以保证后道加工设备的正常工作和配合饲料的质量。粉料筛筒为圆锥形，筛筒不转。主轴上安装了 2 ～ 4 块带有一定倾角的打板和两块清理刷。主轴转速较快，一般为 300 ～ 400r/min。

圆锥粉料清理筛主要参数见表 4-2，圆锥粉料清理筛结构示意图及外形如图 4-4、图 4-5 所示。

表4-2　圆锥粉料清理筛主要参数

型号	60×50×100	75×65×140	90×80×160	125×100×200
产量/（t/h）	10 ~ 20	20 ~ 30	50 ~ 60	100 ~ 120
功率/kW	5.5	7.5	11	15

注：圆锥粉料清理筛各生产厂家的型号规格和技术参数都不完全相同，选用时应根据被选用生产单位的具体型号规格和参数来确定。

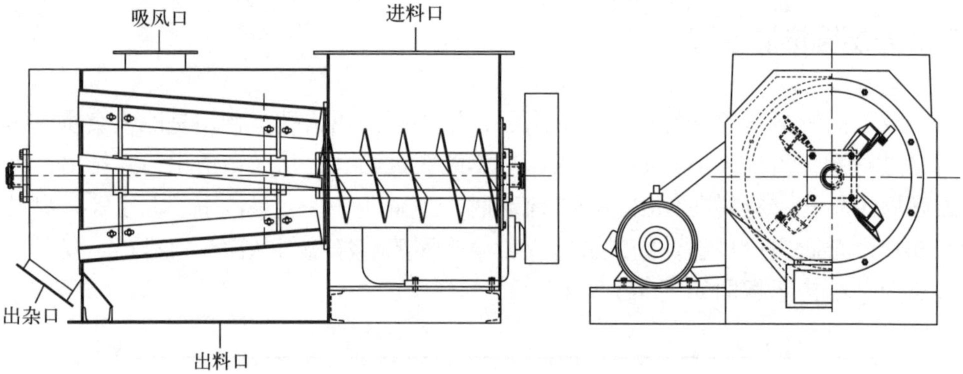

图4-4　圆锥粉料清理筛结构示意图

图4-5　圆锥粉料清理筛外形

第二节 磁选设备

在饲料原料收获、储运和加工过程中，难免混入铁钉、螺母、垫圈、钢珠和铁块等磁性金属杂质，这类杂质如不进行清理，随原料进入加工设备中，不但会造成设备的加速磨损，而且容易损坏机器，甚至造成设备和人身事故，也会影响饲料成品的质量。因此，必须在清理时将其清除。磁选设备的工作原理是利用磁性体对磁性金属杂物（钢、铸铁、镍、锰、钴及其合金）的吸附性来吸附并清除磁性金属杂质。磁体有电磁体和永磁体两大类。由于新型稀土永磁材料磁性强、不易退磁、价格低、使用方便，所以现在饲料行业大多数情况下都使用永磁体制作的磁选设备。常用的磁选设备有简易磁选器和永磁筒。

一、简易磁选器

简易磁选器有磁板、篦式磁选器。它们一般安装在溜管外侧或进料口管道中。在有些设备的喂料器上也带有磁板（如粉碎机的叶轮喂料器上和制粒的螺旋喂料器后）。磁板溜管及篦式磁选器示意图如图 4-6 所示。

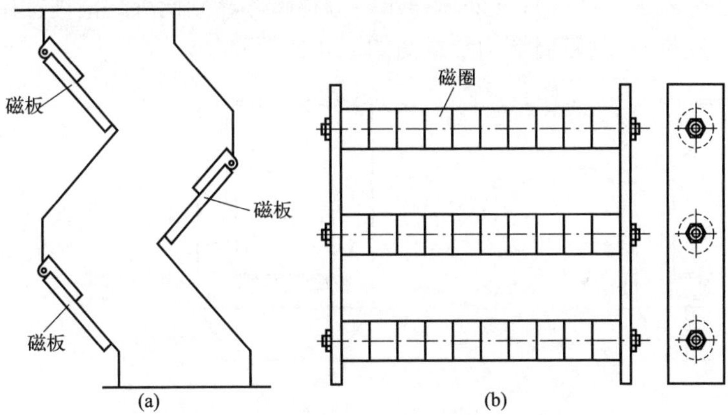

图4-6　磁板溜管和篦式磁选器示意图

二、永磁筒

永磁筒由外筒、内筒（磁芯）、外筒门三部分组成，外筒通过上、下法兰与输料溜管连接。永磁筒外形如图 4-7 所示。磁芯是由永久磁铁和导磁板组装而成的圆柱体（顶部装有锥形帽），并用托板固定在外筒操作门上。生产时，物料流经永磁筒，物料中的磁性金属杂质被磁芯吸住，净化后的物料由下口排出，进入下一道工序。

永磁筒的优点是结构简单，价格低廉，安装方便，无须动力，除铁效率高，磁芯采用稀土永磁材料制成，磁场强度在3000Gs❶ 以上，除铁效率大于99%，是

❶ $1Gs=10^{-4}T$。

图4-7 永磁筒外形

饲料加工厂、粮油加工厂和粮库中物料除铁的理想设备。其缺点是每班生产结束时，必须进行人工清理（打开外筒操作门，将磁芯转到筒外，清理被磁芯吸附的磁性杂质后复位）。永磁筒结构示意图如图 4-8 所示。

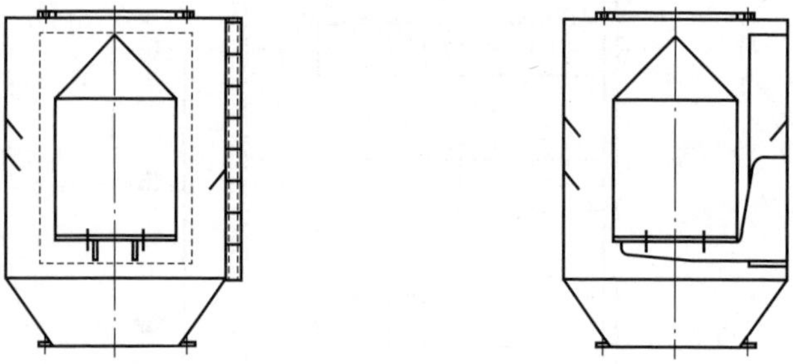

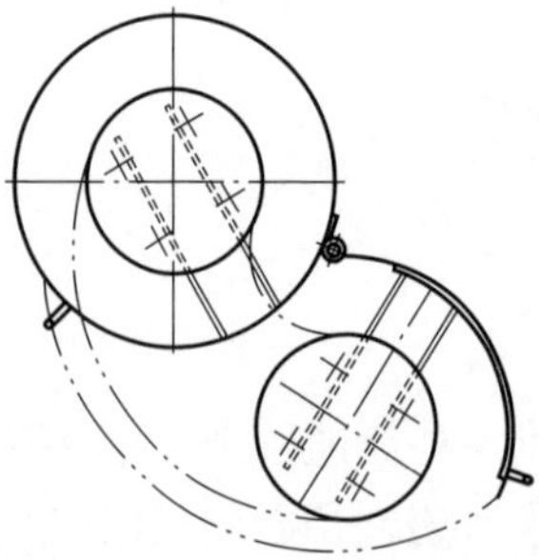

型 号	TCXT15	TCXT20	TCXT25	TCXT30
产量/(t/h)	10~15	20~30	35~50	45~70

图4-8 永磁筒结构示意图

三、永磁滚筒

永磁滚筒主要由进料口、流量调节门、不锈钢滚筒、永久磁铁滚筒驱动机构、机壳、出料口和铁杂出口等组成。永磁滚筒结构示意图如图 4-9 所示。

生产时，物料经流量调节门沿进料淌板流经滚筒，铁杂被磁铁芯组所对应的滚筒外表面吸住，并随滚筒转动而被带到无磁区。由于该区的磁力消失，铁杂自动落下，从铁杂出口排出，而被清理的物料从出料口排出。

它的优点是能自动清理铁杂，缺点是结构比较复杂、需要动力、价格较高，由于物料和铁杂不直接接触磁性体，所以除铁效率偏低，现在已基本不用。

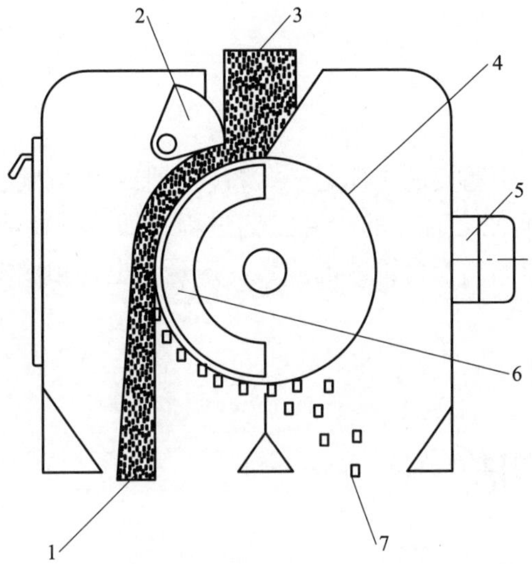

图4-9　永磁滚筒结构示意图

1—出料口；2—流量调节门；3—进料口；4—不锈钢滚筒；5—电动机减速器；6—磁块；7—铁杂出口

第5章　粉碎设备

粉碎是饲料加工中重要的工序之一。粉碎是指利用机械的方法克服固体物料分子之间的内聚力而使之破碎的一种工艺过程，即将颗粒物料的尺寸变小的过程。粉碎工序直接影响到配合饲料的质量、产量、电耗和成本。

第一节 粉碎的目的与方法

一、粉碎的目的

（1）养殖的需要。增大原料表面积，有利于动物消化吸收。动物营养学试验表明，粉碎了的谷粒增大了其与动物消化液的接触面积，从而提高了消化率，节约了饲料，但并非越细越好。对于不同的畜禽有不同的适合的粒度范围，可参照对应的国家标准。例如，鸡吃的饲料粒度要较粗，猪吃的饲料粒度要较细，鱼吃的饲料粒度要更细，因为鱼的消化道更短。

（2）便于混合均匀。为了生产出营养合理的全价配合饲料，各种原料要求混合均匀，粒度差异大的物料是难以混合均匀的。未经粉碎的大颗粒会在加工过程中，以及之后的输送、搬运、喂养时自动分级与离析，严重影响饲料的产品质量和喂养效果。对于微量元素及一些小组分物料，只有粉碎到一定的细度，保证其有足够的粒数，才能满足混合均匀的要求。

（3）便于压制成颗粒。饲料粉碎后，有利于进行水热处理，使饲料软化，容易压制成形。不粉碎的大颗粒原料无法进入压模进行制粒。

二、粉碎的方法

粉碎是依靠机械力将物料由大粒破碎成小粒的一种工艺。粉碎可分为有支承粉碎和无支承粉碎两大类。粉碎谷物和豆粕等饲料原料，常用的粉碎方法有击碎、磨碎、压碎、剪切碎等，或者以某种粉碎方法为主，其他方法为辅。

1. 击碎

击碎是指利用安装在粉碎室内的许多高速回转的工作部件（如锤片）对饲料颗粒进行撞击而使其破碎的方法。锤片末端线速度在 60 ～ 120m/s 范围内，具有很大的动能。此种方法的优点是生产率高，对不同的物料、不同的粒度适应性强（除了潮湿的物料外），可以一次达到粉碎的粒度要求；缺点是能耗较高（其为无支承粉碎），利用此原理工作的锤片式粉碎机在饲料厂粉碎工段中应用最广泛。

2. 磨碎

磨碎是指利用两个有齿且坚硬的磨盘，对物料进行挤压、切削和摩擦。利用磨盘的压力和相对运动来磨碎饲料，磨盘可以用石头做成（石磨），现在大多采用的是金属制成的钢磨。工作部件可以呈圆盘形或圆锥形。其中一个磨盘可以是固定的，另一个磨盘转动；或者两个磨盘都转动，而转向相反。磨碎可以通过调节两个磨盘之间的间隙加工出不同粒度的成品，但会含有大量粉末，料温也较高，而且成品中含铁量较高。其优点是价格低、能耗较小。目前在配合饲料中应用较少。

3. 压碎

颗粒在两辊轮的压力下被压碎，脆性物料容易被压碎，韧性物料不容易被压碎，只能被压扁。压片机常用于压扁燕麦片，用来作为牛、马的饲料。

4. 剪切碎

利用两个表面带有齿槽的压辊，将物料颗粒剪切碎。加工面粉用的辊式磨粉机和饲料厂的颗粒饲料碎粒机就是利用这一原理工作的。有锐利切削角的磨辊，可以获得各种不同要求的成品粒度（与两辊齿形及间距有关）。其优点是能耗低；缺点是不能一次就达到成品粒度要求，也不能用来加工含油或含水量高的物料，这会使齿槽堵塞。

第二节 粉碎设备

一、粉碎机的喂料装置

粉碎机喂料装置的作用是向粉碎机提供连续、稳定的物料流，同时喂料装置还应能向粉碎机供给一定量的空气流。机械喂料是饲料厂应用最广泛的粉碎机喂料方式。最常用的喂料装置有螺旋喂料器（又称喂料绞龙）和叶轮喂料器。

1. 螺旋喂料器

螺旋喂料器由机壳、螺旋体（绞龙）、传动部件、进出料口等所组成，通过改变绞龙的转速来调节喂料量。其优点是结构简单，缺点是在粉碎机宽度方向布料不均匀，而且料流有脉动现象。

2. 叶轮喂料器

叶轮喂料器由进料口、叶轮、壳体、叶轮传动装置、进风口、磁板、出料口等组成。叶轮传动装置采用变频调速电动机调节叶轮转速来改变喂料量。磁板可以自动吸附物料中的磁性金属杂质，待工作结束后人工拉开磁板进行清理即可；也可采用气缸推动磁板进行自动清理。叶轮喂料器调节方便可靠、供料均匀稳定、粉碎机电流波动小，是目前粉碎机最常用的喂料装置。叶轮喂料器结构示意图及外形分别如图 5-1、图 5-2 所示。

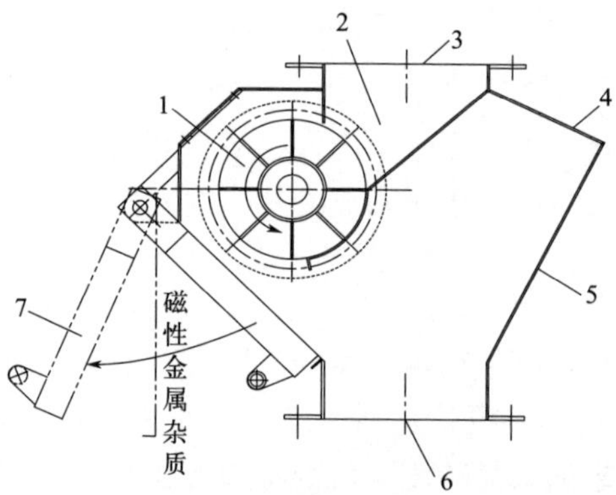

图5-1　叶轮喂料器结构示意图

1—喂料滚筒；2—存料槽；3—进料口；4—进风口；5—壳体；6—出料口；7—磁板

图5-2　叶轮喂料器外形

二、锤片粉碎机

锤片粉碎机可以通过配置筛板筛孔的大小，一次性将饲料原料粉碎至所要求的成品粒度。锤片粉碎机按进料方式分为轴向进料、切向进料和径向（顶部）进料三种形式。

1. 轴向进料锤片粉碎机

轴向进料锤片粉碎机适用于小型饲料加工机组，它的特点是转子为悬臂式，粉碎室宽度小，筛片包角大，能自动吸料。自吸式小型轴向进料锤片粉碎机结构示意图及外形如图 5-3、图 5-4 所示。

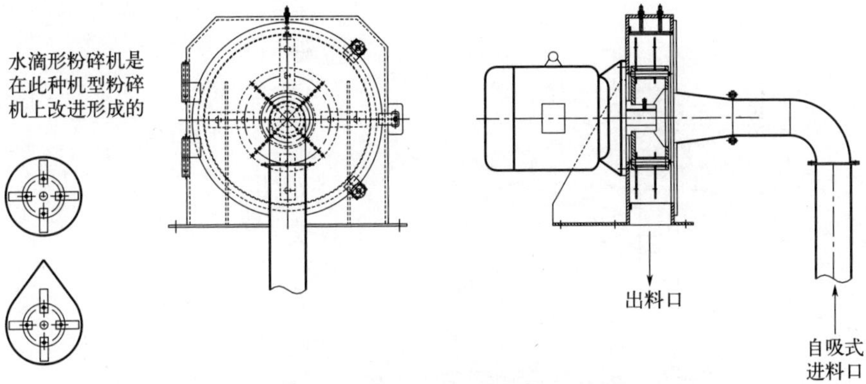

图5-3　自吸式小型轴向进料锤片粉碎机结构示意图

图5-4　自吸式小型轴向进料锤片粉碎机外形

2. 切向进料锤片粉碎机

切向进料锤片粉碎机属于中小型粉碎机，是一种通用型粉碎机，适合农村及个体养殖户使用。切向进料锤片粉碎机外形及结构示意图分别如图 5-5、图 5-6 所示。

图5-5 切向进料锤片粉碎机外形

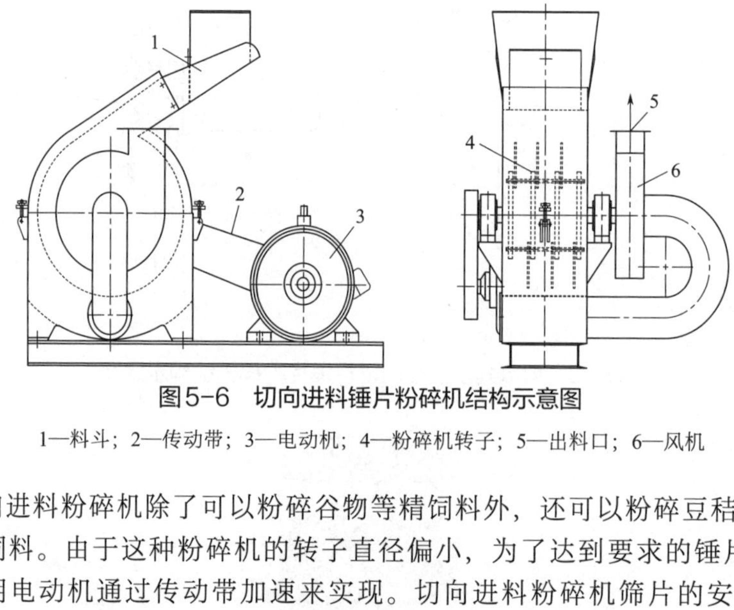

图5-6 切向进料锤片粉碎机结构示意图

1—料斗；2—传动带；3—电动机；4—粉碎机转子；5—出料口；6—风机

切向进料粉碎机除了可以粉碎谷物等精饲料外，还可以粉碎豆秸、麦秸等各种粗饲料。由于这种粉碎机的转子直径偏小，为了达到要求的锤片线速度，一般采用电动机通过传动带加速来实现。切向进料粉碎机筛片的安装角度为180°，其上半部有较大面积安装了齿板，有利于粗饲料的粉碎。但在更换锤片和筛片时，需要掀开上部壳体，相对占用空间较大，也不方便。另外，喂料时的自动控制水平也无法提高，粉尘和污染无法很好地得到控制。粉碎后的物料采用风送的方式送出，物料和空气一起通过离心风机的叶片，对风机叶片的磨损较大。其还需要配以物料和空气的分离装置，空气的净化处理也很难做到十分完善，环境的污染问题无法彻底解决。所以这种粉碎机不适合在自动化程度要求高的饲料厂使用。

3. 径向进料锤片粉碎机（水滴式）

径向进料锤片粉碎机由机座、电动机、联轴器、转子、上机壳、压筛机构、进料导向机构、操作门和减振器等组成。径向进料锤片粉碎机（水滴式）结构示意图及外形分别如图 5-7、图 5-8 所示。

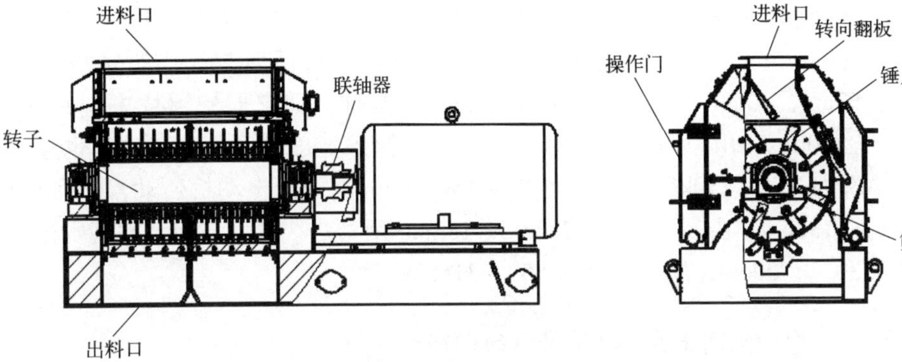

图5-7 径向进料锤片粉碎机（水滴式）结构示意

图5-8 径向进料锤片粉碎机（水滴式）外形

转子是粉碎机的主要运动部件，包括主轴、锤架板、销轴和锤片等。机座、上机壳、转子和压筛机构的筛片之间形成一个粉碎室，饲料从上部进入粉碎室后，在高速运动的锤片打击和筛孔的摩擦作用下被逐步粉碎，在离心力和气流作用下，穿过筛孔从机座下部排料口排出。进料导向机构可引导物料从左边或右边进入粉碎室，它可通过行程开关控制电动机的旋转方向，使其与进料方向相符合。

由于转子转速高，会产生很大的振动，根据国家标准要求，转子必须在不安装锤片的情况下进行动平衡校验。在安装和更换锤片时，应对每一组锤片的重量进行称重和选配，每组锤片的质量误差应不大于 5g。在更换筛片或锤片时，必须打开操作门，松开压筛机构，取出筛片。

4. 锤片粉碎机的型号规格

径向进料锤片粉碎机的型号规格很多，各生产厂家生产的也不一样。但基本都采用电动机与粉碎机转子通过联轴器直连传动的方式。通常分为两大类。一类是用 3000r/min 的二级电动机传动，它们的转子直径为 56 ～ 72cm，中间有 60cm、63cm、66cm、68cm、70cm 和 72cm 等多种，即它们的锤片末端线速度为 85 ～ 110m/s，用户可根据实际需要选用。粉碎宽度越大，配套功率也越大。配套功率为 22 ～ 250kW。另一类是用 1500r/min 的四级电动机传动，转子直径为 112 ～ 138cm，中间主要有 128cm 及 132cm 两种。线速度与前一类基本相同，宽度为 30 ～ 100cm，配套功率为 55 ～ 315kW。

5. 锤片粉碎机的主要工作部件（易损件）

锤片粉碎机的主要工作部件包括锤片、筛片、齿板等。

（1）锤片。锤片是锤片粉碎机主要的工作部件和易损件，其形状尺寸、数量、排列方法、材料与制造工艺等对粉碎效率有较大的影响。锤片的形状有很多，其中矩形锤片因通用性好、形状简单、容易制造而应用最广泛。矩形锤片有双孔和单孔之分。双孔矩形锤片可以换角、调头使用，即每片锤片可以使用 4 次（4 个角），单孔矩形锤片只能使用 2 次（2 个角）。锤片越薄，其粉碎效率越高，但磨损越快，使用寿命越短。锤片磨损和可利用角示意图如图 5-9 所示。

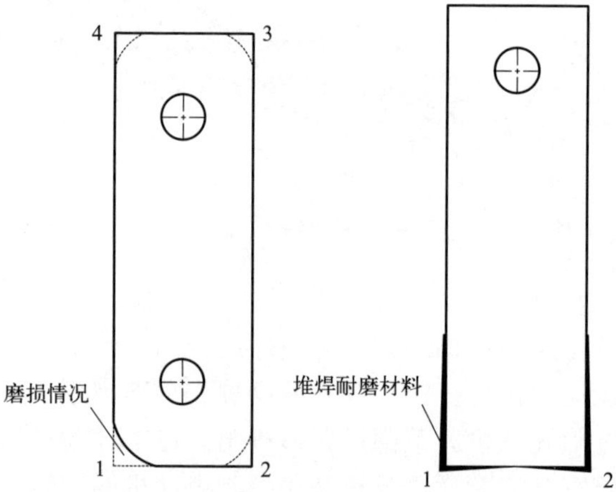

图5-9　锤片磨损和可利用角示意图

一般锤片厚度采用 5 ～ 6mm，小型粉碎机锤片厚度也可采用 2 ～ 3mm。目前，我国常用的锤片材料和加工工艺主要包括低碳钢渗碳淬火、中碳钢热处理和锤片工作棱角堆焊耐磨合金（碳化钨）材料等方法。粉碎机转子结构和锤片安装排列示意图如图 5-10 所示。

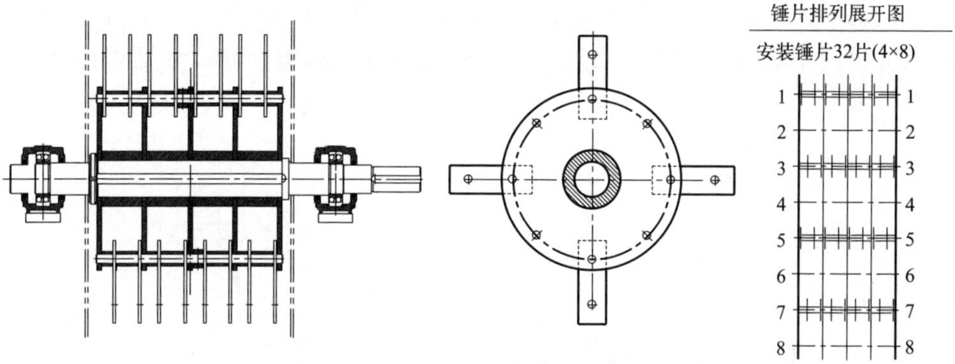

图5-10　粉碎机转子结构和锤片安装排列示意图

锤片安装在4根销轴上，用隔套来定位。销轴安装在锤夹板上，一般安装4组锤片，锤夹板上有8个销轴孔，分成两组可以获得两个不同的锤筛间隙。锤片安装在转子上的位置称为排列方式，它关系到转子平衡、物料在粉碎室内的分布、锤片磨损的均匀程度。最常用的排列方式是对称排列。锤片数量可以根据成品细度的需要来配置，要求粉碎物料越细，配置的锤片数量应越多，锤筛间隙也应选用相对较小的一组。另外，锤片的磨损情况是两边的锤片要比中间的锤片磨损得快，这是因为两边的物料相对中间的物料流速慢、料层厚。

（2）筛片。筛片也是锤片粉碎机主要的工作部件和易损件，对粉碎效率有重大影响。筛片的筛孔大多采用圆形冲孔，因为其结构简单、制造方便、加工成本低。筛孔孔径的大小决定了成品粒度的大小和生产率的高低。另外，开孔率的大小与粉碎粒度和粉碎效率也存在线性关系。开孔率是指筛片上孔的总面积占整个筛面面积的百分比。筛片一般用低碳钢板冲制而成，并经碳氮共渗处理，以提高其表面硬度和使用寿命。

（3）齿板。齿板的作用是加强对物料的碰撞、摩擦作用，同时可以阻滞粉碎室内物料环流层的运动并降低其速度，特别是对于纤维多、韧性大、含水率高的物料，齿板作用比较明显。对含水率低、容易破碎、成品物料排出性能较好的物料（如玉米、高粱等），齿板的作用就不太明显了。所以，有的粉碎机齿板面积很小或没有。

三、其他类型的粉碎机

1. 立式超微粉碎机

立式超微粉碎机是一种立轴式、无筛网和机内带有分级器的微粉碎机。立式超微粉碎机粉碎物料细度可达60～200目（可调），特别适合生产虾饲料和鳗鱼饲料（因为它们的消化道特别短，饲料停留时间短，粗粒度饲料来不及消化就排出体外了）。该机由机架、料斗、主轴、螺旋喂料器、刀盘、齿圈、分级机和传动装置等组成。立式超微粉碎机结构示意图及外形分别如图 5-11、图 5-12 所示。

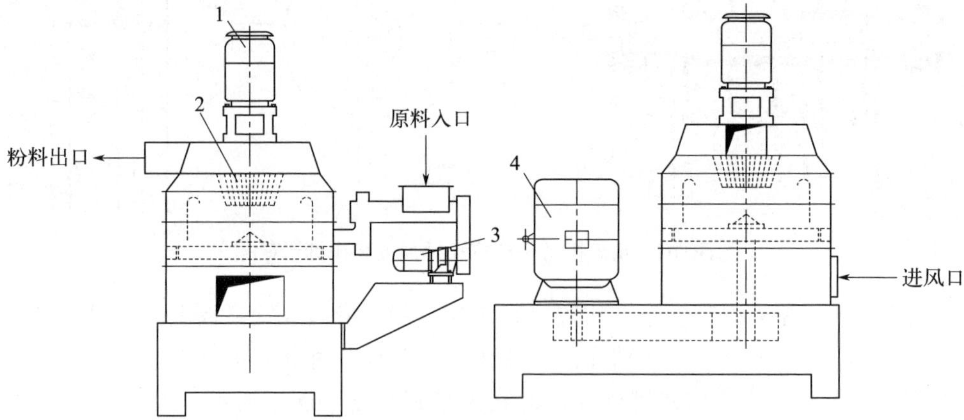

图5-11　立式超微粉碎机结构示意图

1—分级机变频电动机；2—分级机；3—喂料电动机；4—粉碎机主电动机

图5-12　立式超微粉碎机外形

该机有三台电动机：一台传动喂料器（变频调速）、一台传动粉碎机主轴，还有一台传动分级机（变频调速）。粉碎机主轴上端水平方向安装了刀盘，刀盘上安装若干固定的刀片，刀片工作面焊有硬质合金，固定在壳体上的齿圈内壁喷涂碳化钨材料，都具有很好的耐磨性。刀盘和齿圈是微粉碎机的主要工作部件，物料在它们之间得到粉碎。分级机由电动机和分级轮组成。物料由喂料器定量均匀喂入粉碎室一侧，受到高速旋转的刀片（线速度为 110m/s 左右，刀片与齿圈间隙为 2 ～ 4mm）的打击，并受到刀片和齿圈的剪切、搓擦和研磨等作用而粉碎。经负压吸风将物料与气流一起上升至分级叶轮进行分级，合格的细粒通过分级叶轮后被气流带走，不合格的较粗物料被分级叶轮提供的离心力甩出，掉入刀盘重新粉碎。当需要改变粉碎成品粒度时，调节分级叶轮的转速即可，转速越高，成品粒度越细。此时产量将明显下降，主电动机负荷也会明显上升，需要及时调整物料的喂入量，使主电动机接近额定工作负荷，避免电动机超载。

2. 微细分级机

微细分级机是与锤片微粉碎机经常配套使用的设备，其作用是按要求的粒度对微粉碎后的物料进行分级。

微细分级机的工作原理：被粉碎的物料由风力抽入进料筒，进料筒出来的物料被冲击到分级叶轮底部的锥体，撒向四周。这时符合粒度要求的微粒，随风力的作用穿过顶部旋转的分级叶轮，作为成品和空气一起由出风口排出机外；而粒度较大、较重的不合格颗粒在分级室内自由落下，返回微粉碎机重新粉碎。通过调节分级叶轮的转速，可以控制分级出来的成品粒度的大小。

超微粉碎机组工艺流程如图 5-13 所示，微细分级机结构示意图如图 5-14 所示，微细分级机工艺流程示意图如图 5-15 所示。

总之，微细分级机与超微粉碎机的分级机工作原理和结构是相同的，不同的是，微细分级机单独作为一个设备，而立式超微粉碎机将分级机作为一个部件，与粉碎机组合成一体。

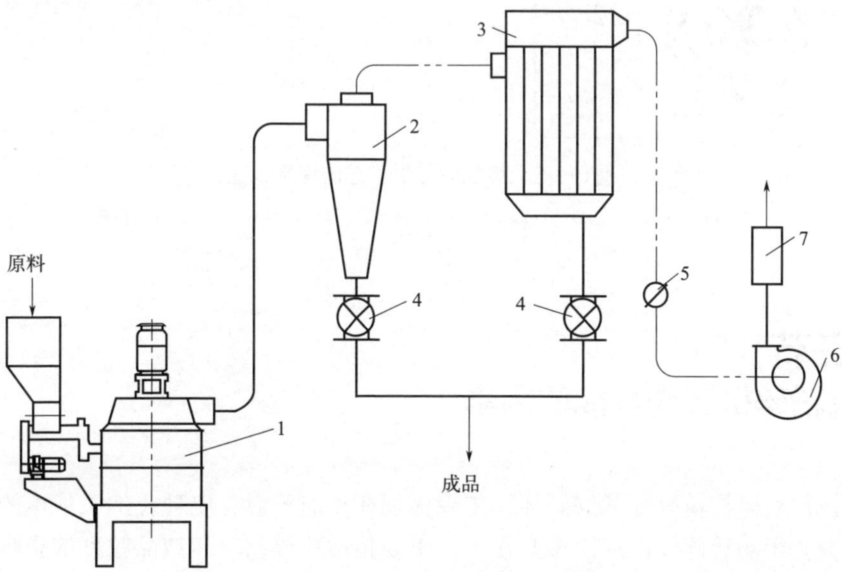

图5-13　超微粉碎机组工艺流程

1—超微粉碎机；2—沙克龙；3—布袋滤尘器；4—关风器；5—蝶阀；6—风机；7—消声器

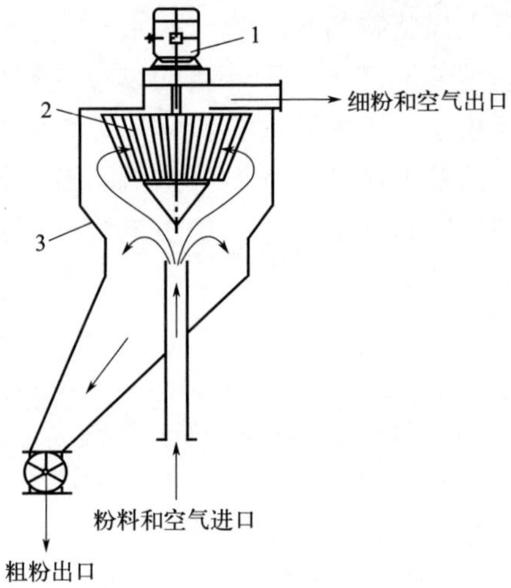

图5-14　微细分级机结构示意图

1—变频电动机；2—分级叶轮；3—壳体

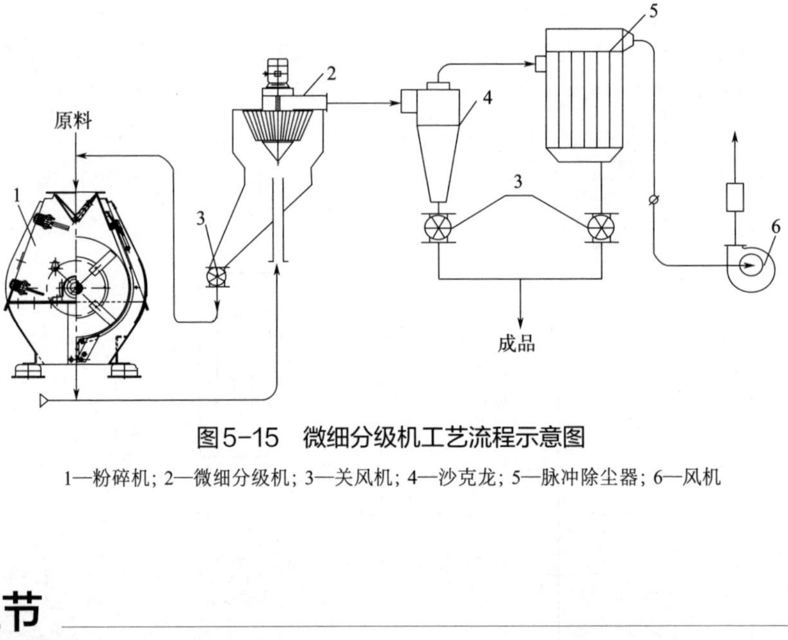

图5-15　微细分级机工艺流程示意图

1—粉碎机；2—微细分级机；3—关风机；4—沙克龙；5—脉冲除尘器；6—风机

第三节 影响粉碎机工作性能的因素

锤片粉碎机粉碎性能的好坏，主要体现在小时产量、电耗及加工成本的高低等方面。影响粉碎性能的因素有很多，主要包括粉碎物料和成品粒度的影响，粉碎机本身结构和参数的影响，以及粉碎机配套的相关设施和参数等的影响。下面分别讨论这些因素对粉碎性能的影响。

一、粉碎物料和成品粒度的影响

1. 不同品种的物料，其粉碎性能不同

脆性的物料比韧性的物料容易粉碎，纤维含量少的物料比纤维含量多的物料容易粉碎。例如，大麦比燕麦容易粉碎，小麦比大麦容易粉碎，玉米比小麦容易粉碎，高粱比玉米容易粉碎。麸皮和稻壳由于含纤维多，所以更难粉碎。越难粉碎的物料，在粉碎时要求锤片的线速度越高，并且产量低，电耗高。如果以难粉碎的燕麦产量为 1，与其他物料相比较，产量关系如下：

燕麦∶大麦∶小麦∶玉米∶大豆粕 = 1 ∶ 2 ∶ 3 ∶ 4 ∶ 5

2. 同一品种的物料含水率不同，其粉碎性能也不相同

同一品种的物料，含水率低的容易粉碎，含水率越高越难粉碎。根据瑞士布勒公司的资料介绍，以小麦为例，含水率由 13% 增加到 14.5% 时，产量将下降 20%。因此，粉碎物料的含水率应小于 13% 为宜。而且从保管的角度来看，饲料原料的含水率也不应大于 13%。

3. 对物料粉碎后成品粒度要求不同，其粉碎性能也不同

要求粉碎后成品的粒度越细，则产量越低，电耗越高，粉碎难度越大，粉碎性能也越差。根据美国堪萨斯大学的研究报道，粉碎玉米时成品的平均粒度从 1000μm（18 目）降低到 600μm（30 目）时，吨料电耗从 2.7kW·h/t 增加到 3.8kW·h/t。当平均粒度再降低到 400μm（50 目）时，吨料电耗要增加到 8.1kW · h/t，表明将物料粉碎到更小的粒度时，能量消耗急剧加大，而生产率急剧下降。

二、锤片粉碎机结构与参数的影响

1. 粉碎室结构形式的影响

影响粉碎机粉碎性能的不是粉碎机的外观形状和外形尺寸，而是粉碎机主要工作区域粉碎室的结构形式和参数。近年来，很多粉碎室采用了水滴式结构，并在其底部增加了能破坏物料环流层、增加锤片打击机会的二次粉碎槽结构，进一步提高了粉碎效果。最近这方面的革新还在不断出现，而且大部分都已申请了专利。例如，筛面振动式粉碎机、多腔式粉碎机、双转子粉碎机和设置定刀等结构的出现，都对提高粉碎性能有一定的好处。

2. 锤片末端线速度的影响

锤片是粉碎机打碎物料的主要工作部件，锤片末端线速度的高低不仅决定了打击的力度，也会影响打击的次数。不同物料对打击力度的要求是不同的，容易粉碎的物料要求的打击力度可以小些，也就是说锤片的线速度可以低些。而难粉碎的物料要求的打击力度就要大些，要求锤片的末端线速度要高些。再从粉碎后要求的成品粒度大小不同来分析，粒度要求粗的比较容易达到，打击力度可以小些，末端线速度可以低些。粒度要求越细，粉碎难度越大，打击力度也要求越高，末端线速度就要求越高。因为末端线速度过低，物料难以粉碎得很细；而末端线速度过高，将会增加空载能耗、加剧振动、加大噪声、加速零件磨损，并使物料升温。所以对于不同物料、不同的成品粒度要求，应选择一个相对比较合适的末端线速度。锤片粉碎机是通用性很强的粉碎机械，能粉碎各种不同的物料，达到不同的成品粒度，所以只能以使用范围来选用合适的锤片末端线速度。比较容易粉碎的原料一般在粉碎时锤片末端线速度为 80 ～ 95m/s，粉碎韧性的纤维类原料或进行微粉碎时，锤片末端线速度要提高到 100 ～ 110m/s。转子转速相同的粉碎机，其直径大小决定了末端线速度的高低，直径越大，线速度越高。

3. 锤筛间隙的影响

锤片与筛片之间的间隙（即锤筛间隙）与粉碎的物料品种及要求的成品粒度有关。因为一般物料在普通粉碎时产量较高、进入的物料较多、料层较厚，而且筛片孔径较大、容易排料，所以锤筛间隙可以大些。而韧性纤维类物料或微粉碎时产量较低、进入的物料相对较少、料层较薄，而且这时一般采用的筛片孔径较小、不容易排料，为了使锤片能更好地打击到物料，所以锤筛间隙应该小些。小的锤筛间隙具有良好的微粉碎性能，并且不容易堵塞筛孔。目前一般粉碎作业时的锤筛间隙控制在 12 ～ 15mm，而在微粉碎时的锤筛间隙应控制在 5 ～ 6mm。现在通用的粉碎机为了达到一机二用的目的，已经对锤筛间隙做了必要的考虑，设计时已安排了能满足普通粉碎和微粉碎要求的两种配套的锤筛间隙。

4. 锤片数量的影响

锤片数量的多少与打击物料的机会和次数有关。如果锤片数量过少，会因为打击物料的次数减少而降低粉碎机产量。但并不是锤片数量越多越好，锤片数量过多会增加转子的重量，引起空载能耗增加，反而减少了实际用于粉碎的功率，使产量降低，单位产量的电耗增加。在微粉碎时，单位产量的电耗指标较高，为了增加打击次数，增加锤片的数量是很有必要的。它不但可以增加打击次数，而且可以提高产量。与增加锤片数量会使空载能耗增加相比，微粉碎时增加锤片数量而提高产量更为合算。合理地选配锤片数量与粉碎物料的品种和粉碎后成品要求的粗细度有关。现在用每片锤片所配套的功率数来确定粉碎机应该配置的锤片数量。普通粉碎时每片锤片配套的功率以 1.5 ～ 2.4kW，微粉碎时每片锤片配套的功率以 0.5 ～ 1.0kW 为宜。锤片数量的变更是比较容易的，所以在粉碎机具体操作中可根据实际情况做相应调整。但必须指出的是，变换时必须考虑到锤片的对称性，不能破坏转子的平衡。

5. 筛理面积的影响

筛片的面积大小与粉碎时物料通过筛片的能力是成正比关系的。当然，选用的孔径与开孔率及筛孔排列方向也会很大程度地影响粉碎性能，但这些因素是可以在制作筛片时改变的，将其放到后面去讨论，这里先讨论每台机器上不能随意改变的筛理面积的大小，也就是筛片的大小。筛片的大小尺寸在粉碎机设计时已经由设计人员确定了，是不能随意改变的。总体来讲，筛理面积大有利于物料通过，有利于提高产量。但并不是越大越好，过大的筛理面积会造成浪费。目前常用的粉碎机每 1kW 动力一般配 0.013 ～ 0.022m^2 筛面，以普通粉碎为主的可取大值，以微粉碎为主的应取小值。也就是说，同一台粉碎机在不同使用情况下，可以配置功率大小不同的电动机。配大功率电动机时作普通粉碎用，配小功率电动机时作微粉碎用。

三、与粉碎机配套设施和参数的影响

1. 筛片的影响

（1）筛片孔径的影响。目前粉碎机常用的筛孔形式是圆形孔，孔径的大小要根据粉碎后要求的成品粒度大小来选配。由于其不是粉碎机上固有的，而是可以随时根据需要来变换的，所以将其放在配套设施中来讨论。选用的筛片孔径越大，成品的粒度越粗；筛片孔径越小，成品的粒度越细，这是一个相应的原则。需要注意的是，在配用同样大小的筛孔情况下，增加锤片的数量或改变锤筛的间隙，也可以使成品粒度变细。由于更换筛片比增加锤片数量和改变锤筛的间隙更方便，控制成品粒度也更容易，所以生产中常用更换筛片改变孔径的办法来调整成品的粗细度。当使用筛孔直径小的筛片时，成品粒度就会变细，同时产量就会降低，电耗就会增大。

（2）筛片开孔率的影响。开孔率是筛片上孔的面积之和与筛片总面积之比。开孔率越大，说明孔的面积越大，也就是说能够通过的物料越多，有利于产量的提高。考虑到筛片的加工和强度两方面的问题，开孔率也不能无限地提高。在正常情况下，筛孔孔径越大，开孔率越高。不同孔径开孔率的具体数值参照国家标准的规定。在采购或加工条件能达到的情况下，应尽量采用或接近大值，以利于充分发挥粉碎机的优良性能。

（3）筛孔排列方向的影响。在筛片的实际使用中，筛孔的排列方向对粉碎性能的影响还未引起足够的重视，筛孔的排列方向与物料的运动方向对粉碎机产量也有较大的影响。如图 5-16 所示，筛孔 A 向排列的产量比 B 向排列时可以提高 15% ～ 20%，而且成品粒度大小更趋于一致。这是因为当孔径 ϕ > 1mm 时，一般孔间距 $t \leqslant 2\phi$，所以采用 A 向排列的筛片，全部物料运动时都能接触到筛孔，粒度小于筛孔的物料能及时排出机外。而采用 B 向排列的筛片，由于每行筛孔之间有 $0.866t-\phi$ 这么一段距离没有筛孔，而且该距离内的物料无法接触并通过筛孔。B 向排列的筛片会使粉碎机产量降低，电耗增加，并且会使粉碎后的物料细粉量增加，这是由于部分物料无法及时排出，导致过度粉碎。物料运动方向与筛片排列方向示意如图 5-16 所示。

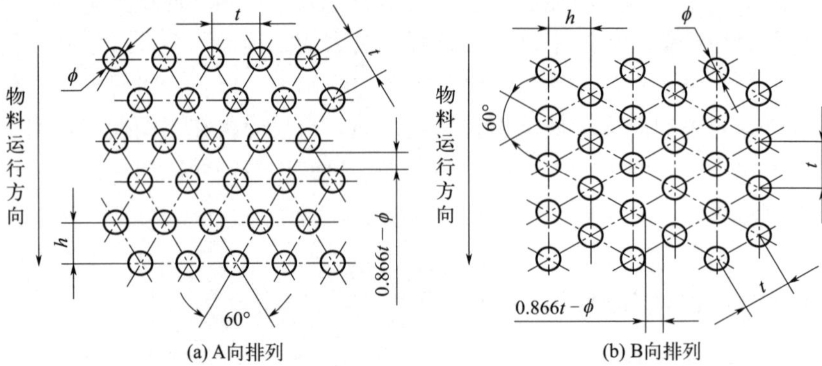

图5-16　物料运动方向与筛孔排列方向示意

（4）新旧筛片的影响。在筛片的使用中，新旧筛片的粉碎性能也是不同的。旧筛片筛孔锐边磨损，边缘变钝，磨削和筛分能力大大降低，所以生产能力也降低了。筛片孔径越小，磨损后生产能力下降幅度越大。根据有关资料报道，孔径 ϕ=1mm 的新、旧筛片的生产能力可相差 40% ～ 50%。另外，新筛片的安装方式也影响生产能力，因为筛片的筛孔是用冲头冲制出来的，它具有两个面，一面是光滑的，另一面带有毛刺。安装时应将带毛刺面朝里，毛刺接触物料时将会增加对物料的摩擦和磨削作用，进一步提高粉碎性能。毛刺磨平后，这种磨削作用就减少了。

2. 吸风系统风压与风量的影响

每一粉碎机生产线都应配备一套合适的吸风系统。合理地增大吸风量，能帮助合格的物料及时排出，提高产量，同时还可以降低被粉碎物料的温度。普通粉碎时，每平方米筛片面积配备的吸风量应不小于 55m³/min。例如，采用孔径 ϕ=3mm 的筛片时，配备相应的吸风量后，比不配置吸风量的粉碎机产量提高 20% 以上。随着筛孔直径的减小，吸风系统对提高产量的作用更加明显。但要注意的是，筛孔直径越小，开孔率就越小，吸风系统的阻力将会大大增加，风量也会相应减少，从而使产量降低，并且可能还会因为风压不够，引起筛孔堵塞而不能正常生产。所以在使用小孔径生产，特别是进行微粉碎时，风量可以适当减小一些，但风压一定要提高，配套应采用较高压力的风机。

3. 喂料方式的影响

粉碎机的喂料器有叶轮式、螺旋式和皮带式三种，其中最常用的是叶轮式，其次是螺旋式，在使用中各有特点。但需要指出的是，喂料时物料一定要在粉碎机进料口宽度方向均匀分布，并且平稳地进入。凡是进料口宽度方向物料不均匀、一边多一边少，或不平稳、时多时少，都会影响粉碎机粉碎性能的发挥，也会导致锤片磨损不平衡。

4. 粉碎后输送方式的选择

粉碎后物料的输送方式常采用两种形式：一种是机械输送加吸风；另一种是气力输送。在普通粉碎时，粉碎机产量高，吸风量要完成气力输送尚显不足。而且风机的风压不够，需要采用风量和风压更大的风机。所以采用气力输送方式将会较大程度地增加所耗的功率，与机械输送加吸风方式相比，能耗上将会付出更多，经济上反而不如机械输送加吸风划算。在采用小筛孔进行微粉碎生产时，由于产量大大降低，采用气力输送所需风量也大大减少，而且吸风风压也因改用了高压风机而有很大程度的提高，这时可以直接完成气力输送的任务，无须再增加一套机械输送装置。

第6章　配料设备

配料是指按照配方要求，采用特定的配料装置，对各种不同品种的饲料原料进行计量的过程。配料工艺是饲料生产过程中的一个关键环节。配料的方式有两种，一种叫容积式，另一种叫称重式。如今容积式配料已被正规饲料厂淘汰。由于电子技术的发展，现代饲料工业中使用的配料秤大多数采用计算机控制的以电子元件（称重传感器）和机械构件（喂料器、秤斗、排料门）组成的电子配料秤。电子配料秤的优点：配料精度高、称量速度快、性能稳定、工作可靠，它对提高生产率、减轻劳动强度、降低生产成本及提高管理水平有着重要意义。配料速度是整个生产线产量的关键因素之一，一般要求一个配料周期时间不得大于6min，最快的可以达到4min（与混合机配套），即1h可以配料10～15批。

一、喂料器

喂料器是配料工艺中不可缺少的组成部分，是完成加料过程的一个机构，也是保证配料时称量准确的关键设备之一。每配一种物料就需要配备一个配料仓和一台喂料器。常用的喂料器有螺旋喂料器和叶轮喂料器两种，以螺旋喂料器应用最普遍。

1. 螺旋喂料器

螺旋喂料器（喂料绞龙）与螺旋输送机（绞龙）结构基本相同，区别主要有以下三点。

（1）由于进料口一般较大且一直充满物料，为了防止结拱、均匀下料和节省动力，该处的螺旋叶片采用变螺距叶片形式。

（2）为了配合生产周期，生产时开停频繁，而且绞龙腔内充满了物料，阻力比输送绞龙大，所以相应配用的功率要比普通绞龙大。

（3）喂料开始时，为了缩短配料时间，要求采用大喂料量（较高转速）。喂料结束前为了称量准确，要求采用小喂料量。所以电动机必须采用变频调速电动机。

螺旋喂料器结构示意图及外形分别如图 6-1、图 6-2 所示。

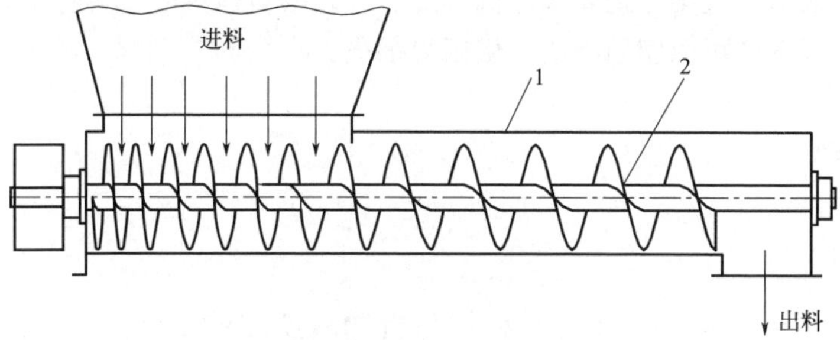

图6-1 螺旋喂料器结构示意图

1—外壳；2—转子

图6-2 螺旋喂料器外形

2. 叶轮喂料器

叶轮喂料器主要用于料仓出口与配料秤入口距离较小的地方。它具有体积小、重量轻、便于悬挂吊装等优点。叶轮喂料器主要由料斗、机壳、拨料叶轮、减速器、电动机、防结拱装置、气动流量控制机构和出料口等部分组成。叶轮喂料器结构示意图如图 6-3 所示。

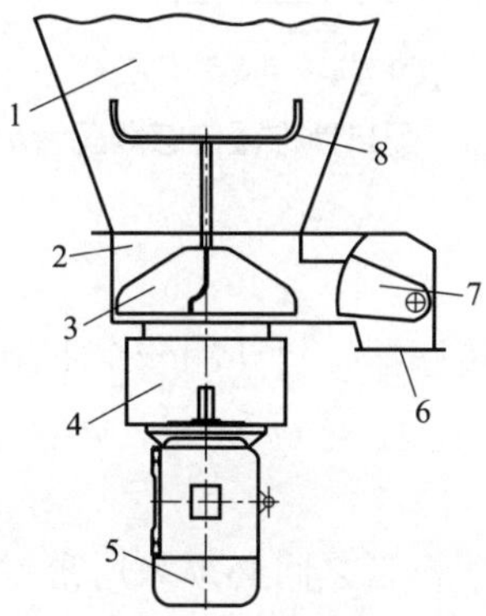

图6-3 叶轮喂料器结构示意图

1—料斗；2—机座；3—拨料叶轮；4—减速器；5—电动机；6—出料口；7—气动流量控制机构；8—防结拱装置

在饲料加工厂配料系统中，使用最多的还是螺旋喂料器，它可以根据料仓出口与配料秤入口的大小、距离来进行匹配。叶轮喂料器只能在料仓正好处于配料秤顶上的情况下才可以使用，所以使用得很少。

二、配料秤

1. 秤斗

秤斗就是一个盛料的容器。根据每批物料所配的重量，配料秤有 100kg、500kg、1000kg、2000kg、3000kg、4000kg、5000kg 等不同规格。

2. 排料门

排料门直接安装在秤斗底部，是控制存料或排料的一个装置，排料门常采用气动闸门、气动弧形转门或其他排料门形式。

3. 称重传感器

称重传感器是用来测量物体重量的装置，常用的有吊挂式和支承式（又称压式）两种形式，一台秤一般安装 3 ～ 4 个传感器。几个传感器应安装在同一水平面上，并应高于秤斗的重心位置。配料秤称重传感器配置示意图如图 6-4 所示。

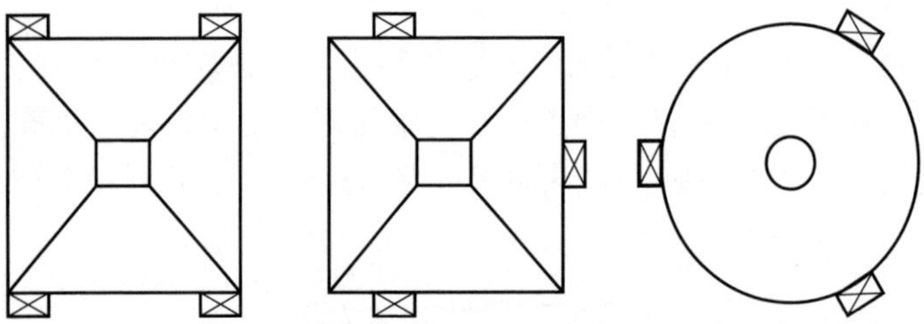

(a) 方形料斗配4个传感器　(b) 方形料斗配3个传感器　(c) 圆形料斗配3个传感器

图6-4　配料秤称重传感器配置示意图

4. 支架

支架是支承和连接称重传感器、料斗的一个框架。

5. 连接

秤斗与上盖及排料门与下料管之间必须采用密封软连接。可采用过滤布袋材料，可以透气，但不可以跑料。圆形斗配料秤外形如图 6-5 所示，配料仓、喂料绞龙和配料秤布置如图 6-6 所示。

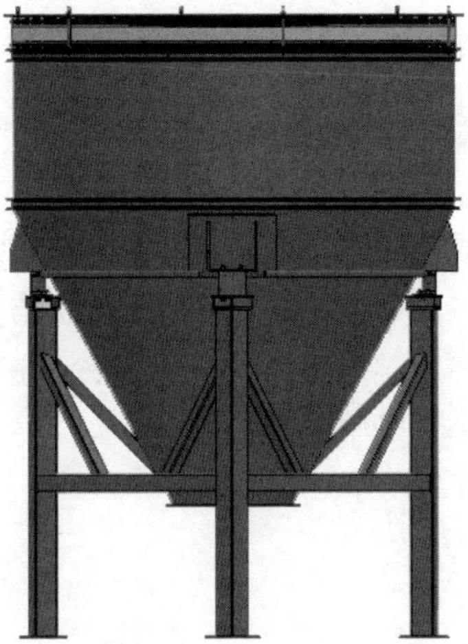

图6-5　圆形斗配料秤外形

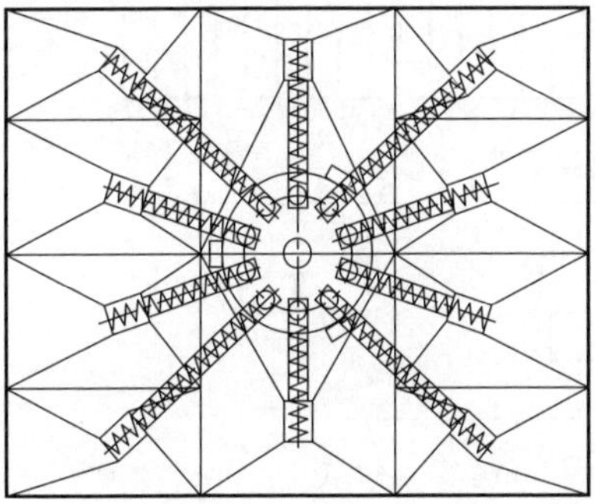

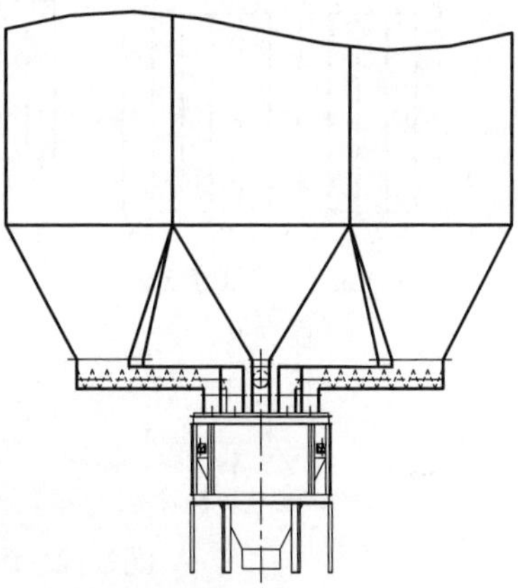

图6-6　配料仓、喂料绞龙和配料秤布置

6. 控制

配料秤的进料程序和称重都是由计算机控制的。当称重误差超出允许的标准范围时，计算机会自动报警。计算机还可以储存上百个配方，随时调用，非常方便。

7. 配料精度

根据国家行业标准要求，电子配料秤的精度要求必须符合静态精度≤0.1%FS、动态精度≤0.3%FS。这里所指的静态精度是指仪表指示值与标准砝码量值之间的差值，动态精度是指秤在自动配料情况下的精度。动态精度与整个配料系统有关，它是由称量误差（静态精度）、喂料误差和空中量等多因素组成的，所以特别要控制好喂料时空中量的数量和智能控制提前量的预警，才能保证动态精度的提高。

三、配料的工艺方案

配料最简单的工艺方案是多仓一秤形式。中大型饲料厂可以采用多仓二秤的形式，这种形式可以提高配料精度，同时又可以加快配料速度。采用二秤的形式有两种方案：一种是采用两台一样大小的秤；另一种是采用一大一小两台秤。这两种形式在饲料厂中都有应用。使用一大一小两台秤的，都是大秤称大料，小秤称小料。另外，在加料时都要遵守一定的原则，即先进配比大的料，后进配比小的料，这样才能提高小配比料的配料精度。

配料系统示意图如图 6-7 所示。

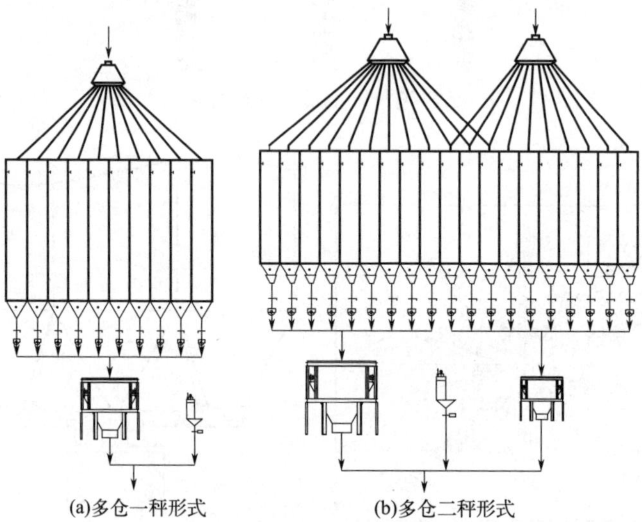

图6-7　配料系统示意图

第7章 混合设备

混合是饲料生产过程中的一个重要环节，是将各种组分搅拌使之互相掺合、均匀分布的一道工序。在饲料厂中，主混合机的容量决定了该生产线的生产率。在现代配合饲料厂生产中，配料系统和混合系统对生产率和产品质量起着决定性作用。

第一节 混合基础知识

一、混合的工作原理

混合是在物料相对运动中完成的，混合工作有以下三种运动方式。

1. 对流

对流是指一部分物料由混合室的一端向另一端运动，而另一部分物料与其做相反方向的运动，这两部分物料在相对运动（对流）中互相渗透、掺和而发生的混合。

2. 剪切

剪切是指混合物料在工作部件（桨叶）的作用下，推动一部分物料运动，形成相对滑动的剪切面，而随之发生的混合。

3. 扩散

扩散是指物料以部分或单个颗粒为单位向四周无序（规律）运动，而与周围物料产生渗透、掺和而发生的混合。

对流和扩散、剪切和扩散往往是结合在一起的，有了对流和剪切现象，后面一定会有扩散的动作。这些混合方式随混合机类型的不同，所起的作用大小也不同。有的以对流和扩散为主，剪切为辅（螺带式混合机）。有的以剪切和扩散为主，对流为辅（桨叶式混合机）。

混合时间对混合的均匀程度也起着关键作用。混合时间过短，达不到混合均匀的要求；当达到混合均匀的要求后，如果过分延长混合时间，一方面浪费了能源，另一方面会使物料表面摩擦产生静电或其他原因，造成物料的分离作用明显增强，可能使混合均匀程度反而有所下降。

二、对混合机的技术要求

混合机的工作质量指标包括混合均匀度、混合速度（时间）和机内物料残留量等。具体有以下五点要求。

（1）混合均匀度要高。混合均匀度的高低是配合饲料产品质量好坏的指标之一。

（2）混合时间要短。混合时间短可大大提高混合机和整条生产线的生产率。

（3）机内物料残留量要低。残留量低可以避免交叉污染（特别是添加药物的料）。

（4）混合机结构合理，牢固，操作方便，便于检查、取样和清理。

（5）混合机排料门不漏料、动作准确、灵敏可靠、自动化程度高。

三、混合机的分类

1. 按作业方式分类

按作业方式可分为分批式混合机和连续式混合机两类。

（1）分批式混合机。先将各个品种的饲料原料按配方要求的质量比例配成一定质量的一批饲料后，投入分批式混合机中进行混合。一个混合周期生产出一个批次的配合饲料，现在饲料厂普遍使用分批式混合机。因为它的混合均匀度高，产品质量有保证。

（2）连续式混合机。将各种饲料原料分别按配方要求连续计量，并同时送入连续式混合机内进行混合。连续式混合机也是一边连续进料一边连续出料。这种混合机在现代饲料厂中很少应用，因为它的混合均匀度不高；产品质量不易保证，特别是在开始生产和结束生产时问题较多；对于微量添加成分也很难处理好。

2. 按主轴布置形式分类

按主轴布置形式分类，可分为立式混合机和卧式混合机两类。

（1）立式混合机。立式混合机结构简单、动力小，但混合周期长（10 ～ 15min/ 批）、混合均匀度低、残留量高、进料和排料速度慢。其通常属于小型混合机，常用的有 500kg/ 批和 1000kg/ 批两种，适用于农村和小型个体养殖户。

（2）卧式混合机。卧式混合机由于混合周期短（3 ～ 6min/ 批）、混合均匀度高（变异系数 $Cv \leqslant 5\% \sim 10\%$）及残留量少等优点，在饲料厂中被广泛使用。卧式混合机从小到大有 100kg/ 批、250kg/ 批、500kg/ 批、1000kg/ 批、2000kg/ 批、3000kg/ 批、4000kg/ 批、5000kg/ 批、6000kg/ 批、8000kg/ 批等多种规格。每小时可以混合 10 ～ 15 批料，最大产量可超过 100t/h。

3. 按工作部件形式分类

按工作部件形式分类可分为螺带式混合机、桨叶式混合机和螺带桨叶式混合机。

4. 按混合机主轴的数量分类

按混合机主轴的数量分类可分为单轴混合机和双轴混合机。

5. 按混合产品的要求分类

按混合产品的要求分类可分为一般饲料混合机和预混料混合机。预混料混合机与一般饲料混合机有三点不同。

（1）混合均匀度要求更高。按行业标准要求，一般饲料混合机混合均匀度 $Cv \leqslant 10\%$，预混料混合机混合均匀度 $Cv \leqslant 5\%$。

（2）残留量要求更低。按行业标准要求，一般饲料混合机的残留量应≤ 1%，预混料混合机残留量应≤ 0.8%。

（3）与物料接触的钢材要求不同。一般饲料混合机可以用碳钢制造，预混料混合机必须采用不锈钢材料制造。

四、影响混合均匀度的因素

影响混合均匀度的因素主要包括以下几个方面。

1. 原料特性的影响

原料特性的影响因素包括比重、粒度、形状（圆形、扁形、带棱）、水分、黏性等。

2. 混合机工作原理、结构和参数的影响

混合机工作原理、结构和参数的影响因素包括混合机的运动方式、混合时物料参与运动的数量，螺带或桨叶的面积大小、角度、转速，物料在机内的充满系数等。

3. 混合时间长短的影响

在一定范围内，时间长比时间短均匀度会有所提高，但时间过长会使物料表面摩擦产生静电或因其他原因造成分离，可能会使均匀度反而有所下降。

4. 检测均匀度时，示踪剂的添加比例和粒度的影响

示踪剂的粒度和添加比例都会影响均匀度检测的结果。

第二节 立式混合机

立式混合机主要由进料斗、垂直绞龙、绞龙套管、混合机壳体、排料门、支架和传动装置等组成。工作时将计量好的各种粉料依次倒入进料斗，由垂直绞龙将粉料向上运送，到顶部后将其抛扬并散落在筒体内，当物料下降到倒锥下部时又重新被提升，在这样反复循环中，物料逐步达到混合的目的。混合完毕后即可打开排料门，将混合料卸出。这种混合机结构简单、价格低廉，但混合均匀度低、混合时间长，不适合工业化生产。

立式混合机结构示意图如图 7-1 所示，双进料口带拨料机构的立式混合机外形如图 7-2 所示，立式混合机主要技术参数见表 7-1。

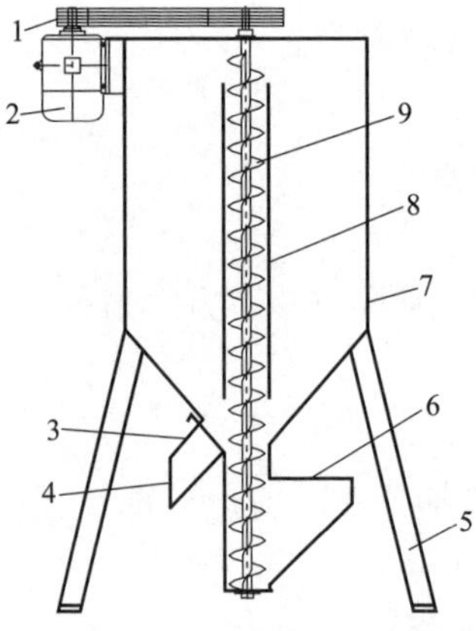

图7-1 立式混合机结构示意图

1—传送机构；2—电动机；3—排料门；4—排料口；5—撑脚；6—进料口；7—机壳；8—绞龙套管；9—立绞龙

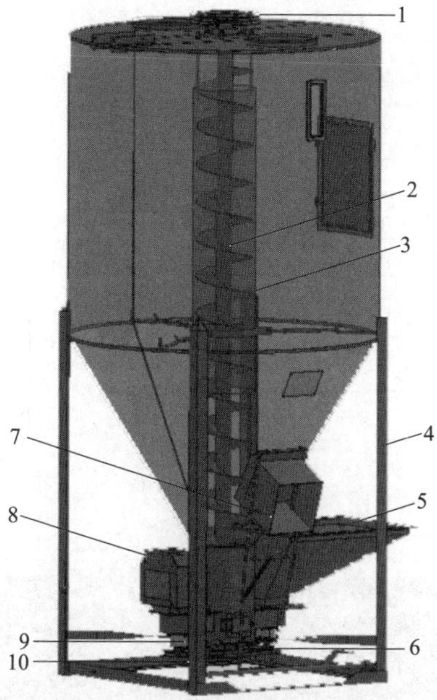

图7-2 双进料口带拨料机构的立式混合机外形

1—传送机构；2—立绞龙；3—绞龙套管；4—撑脚；5—进料斗；6—进料斗拨料机构；7—排料口；8—进料口；9—进料口拨料机构；10—带传送机构

表7-1 立式混合机主要技术参数

型号	9LT-500	9LT-1000
配套功率/kW	2.2	2.2
产量/（kg/批）	500	1000
混合均匀度（*Cv*）	≤10%	≤10%
每批混合时间/min	10～15	10～15
主轴转速/（r/min）	415	415

第三节 卧式单轴螺带式混合机

卧式单轴螺带式混合机主要由机体、转子、进料口、排料门、排料门控制机构和传动装置等组成。其工作过程为：各种组分经配料秤配好后一起放入混合机中进行混合，转子由内、外两层带状螺旋（俗称螺带）组成。两层螺带的旋向相反，外螺带将物料从一端向另一端推动，而内螺带使物料向相反方向推动，使内外层物料产生对流运动，物料在对流中相互扩散，起到很好的混合效果。这种混合机混合均匀度较高（$Cv \leqslant 10\%$），混合时间较短（每批混合时间 3 ~ 6min）。卧式单轴螺带式混合机结构示意图及外形如图 7-3 所示。

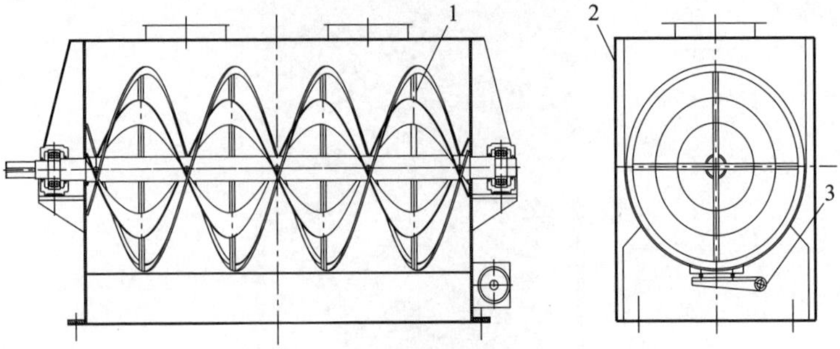

(a) 结构示意图

(b) 外形

图7-3 卧式单轴螺带式混合机结构示意图及外形

1—转子；2—机壳；3—排料机构

混合机排料门大多采用气动大开门形式，排料时间短、残留量小。这种混合机在使用中，对饲料的充填量有一定的要求：不得低于主轴水平线，也不能超过转子外径，否则混合均匀度将达不到要求。混合机内可添加液体（水、油脂）成分，但添加的量要少，一般不超过 5%。卧式单轴螺带式混合机主要技术参数见表 7-2。

表7-2 卧式单轴螺带式混合机主要技术参数

型号	SLHY1	SLHY2.5	SLHY5	SLHY7.5	SLHY10	SLHY12.5
有效容积/m^3	1	2.5	5	7.5	10	12.5
每批混合量/kg	500	1000	2000	3000	4000	5000
每批混合时间/min	3 ~ 6	3 ~ 6	3 ~ 6	3 ~ 6	3 ~ 6	3 ~ 6
混合均匀度（Cv）	≤7%	≤7%	≤7%	≤7%	≤7%	≤7%
配套功率/kW	11	15	30	37	45	55

下面介绍一下排料门的控制机构。卧式混合机的排料门控制机构有带自锁和不带自锁两种形式。带自锁排料门控制机构的优点是在停电和气压不足的情况下，排料门不会自动打开。缺点是由于排料门关闭的最紧点已经确定，连接点又较多，使用一段时间后，各个销轴磨损会造成排料门发生松动，容易产生漏料。不带自锁排料门控制机构的优缺点与其正好相反。它的连接点少，而且销轴磨损后可以继续向前把门推紧，不易发生漏料现象。

带自锁开关门机构示意图如图 7-4 所示，不带自锁开关门机构示意图如图 7-5 所示。

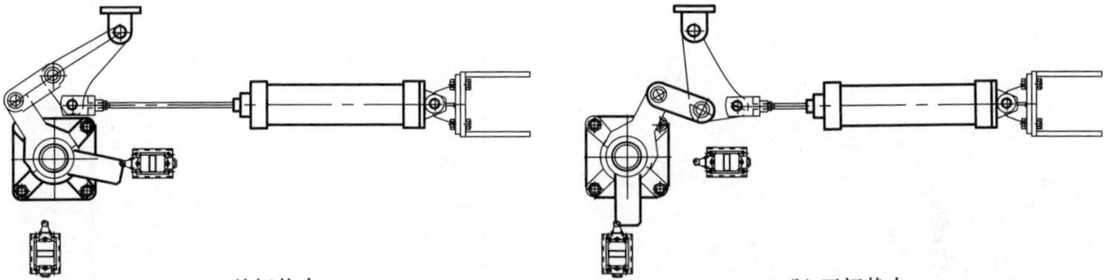

(a) 关门状态　　(b) 开门状态

图7-4　带自锁开关门机构示意图

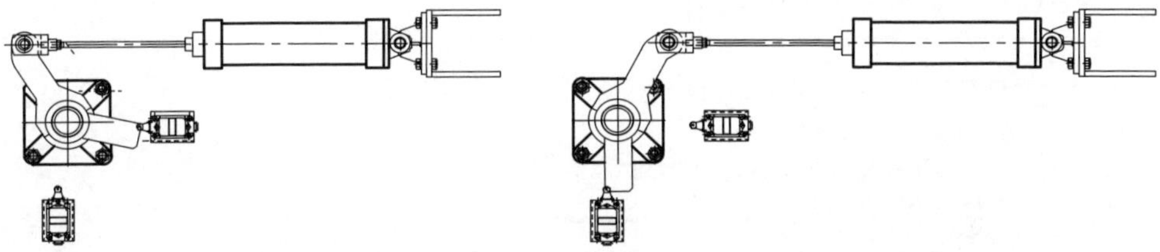

(a) 关门状态　　(b) 开门状态

图7-5　不带自锁开关门机构示意图

第四节 卧式双轴桨叶式混合机

卧式双轴桨叶式混合机混合时间短（每批混合时间为 0.5 ～ 2min）、混合均匀度高（$Cv \leqslant 5\%$）、物料充满系数范围大（25% ～ 100%）、液体添加量范围大（最大可达 20%），适应范围广，也可适用于其他行业（如化工、医药、农药、食品）。

卧式双轴桨叶式混合机主要由机体、转子、排料门及控制机构、传动装置等组成。机体由双筒组合，内有两套转子、两套排料门及控制机构，传动大多采用链传动方式。两个转子的安装和转动都有一定要求，否则将发生碰撞事故，导致设备损坏。卧式双轴桨叶式混合机结构示意图如图 7-6 所示，卧式双轴桨叶式混合机外形如图 7-7 所示，卧式双轴桨叶式混合机主要技术参数见表 7-3。

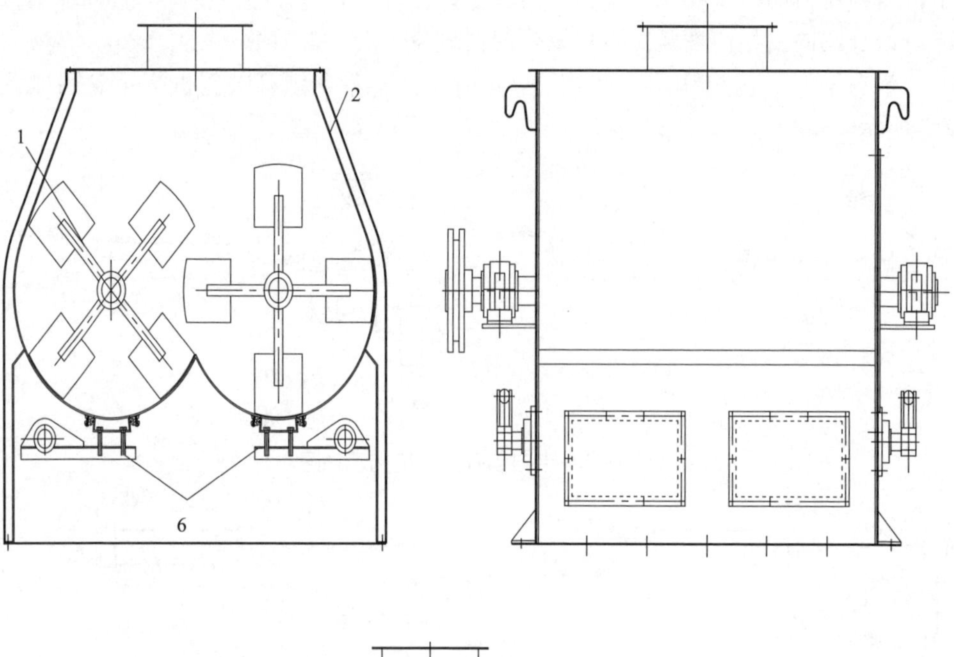

图7-6　卧式双轴桨叶式混合机结构示意图

1—桨叶；2—外壳；3—传动机构；4—气动开门关门机构；5—电动机；6—卸料门

图7-7　卧式双轴桨叶式混合机外形

表7-3　卧式双轴桨叶式混合机主要技术参数

型号	SSHJ1	SSHJ2	SSHJ4	SSHJ6	SSHJ8	SSHJ10	SSHJ12
有效容积/m^3	1	2	4	6	8	10	12
每批混合量/kg	500	1000	2000	3000	4000	5000	6000
每批混合时间/min	0.5 ~ 2	0.5 ~ 2	0.5 ~ 2	0.5 ~ 2	0.5 ~ 2	0.5 ~ 2	0.5 ~ 2
混合均匀度（*Cv*）	≤5%	≤5%	≤5%	≤5%	≤5%	≤5%	≤5%
配套功率/kW	11	22	30	37	45	55	75

第五节 卧式单轴桨叶式混合机

卧式单轴桨叶式混合机的结构和传动、制造都比卧式双轴桨叶式混合机简单，也不会出现卧式双轴桨叶式混合机可能出现的双轴桨叶相碰撞的现象，但混合均匀度和混合速度都与卧式双轴桨叶式混合机相接近。它的转子直径和混合室长度比为 1∶1 左右。如果直径小、长度大，混合均匀度和混合时间都会受到很大影响。卧式单轴桨叶式混合机结构示意图及外形分别如图 7-8、图 7-9 所示，主要技术参数见表 7-4。

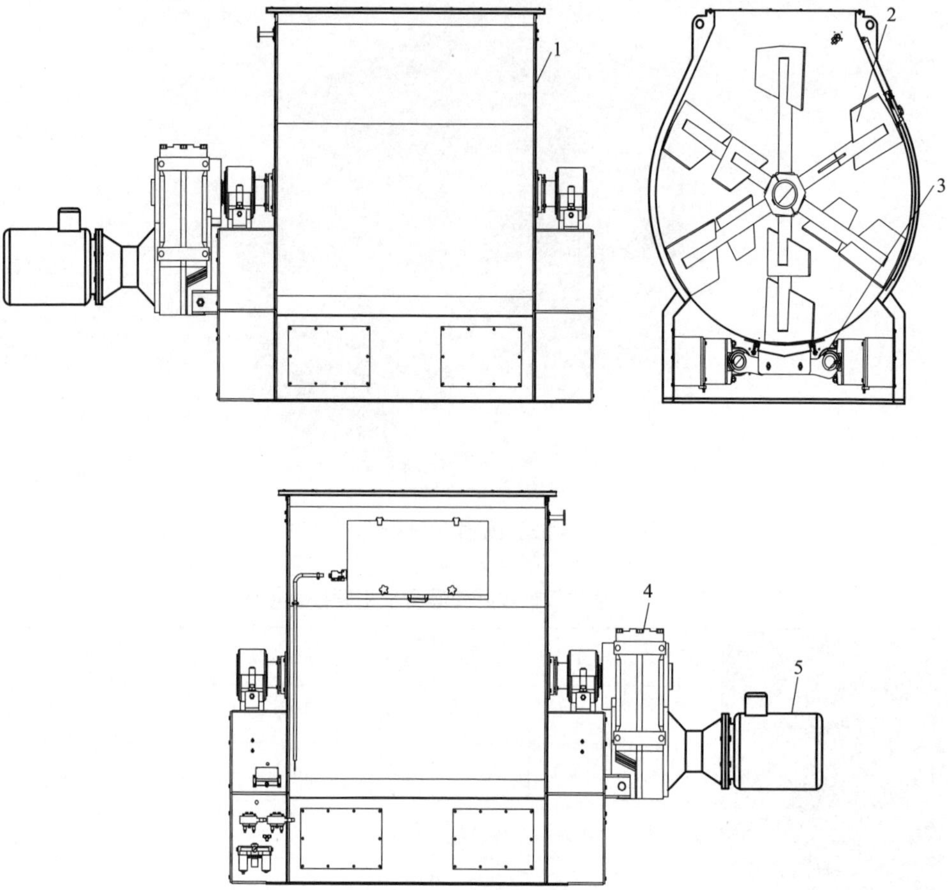

图7-8　卧式单轴桨叶式混合机结构示意图

1—机壳；2—桨叶；3—排料机构；4—减速器；5—电动机

图7-9　卧式单轴桨叶式混合机外形

表7-4 卧式单轴桨叶式混合机主要技术参数

型号	SDHJ2	SDHJ3	SDHJ4	SDHJ6	SDHJ8	SDHJ10	SDHJ12
有效容积/m^3	2	3	4	6	8	10	12
每批混合量/kg	1000	1500	2000	3000	4000	5000	6000
每批混合时间/min	0.5 ~ 2	0.5 ~ 2	0.5 ~ 2	0.5 ~ 2	0.5 ~ 2	0.5 ~ 2	0.5 ~ 2
混合均匀度（*Cv*）	≤5%	≤5%	≤5%	≤5%	≤5%	≤5%	≤5%
配套功率/kW	18.5	22	30	37	45	55	75

第六节 卧式单轴螺带桨叶式混合机

卧式单轴螺带桨叶式混合机是卧式单轴螺带式混合机和卧式单轴桨叶式混合机的结合，它的转子采用外螺带和内桨叶相结合的结构。外螺带将物料从一端向另一端推动，内桨叶则使物料向相反的方向运动，里层饲料被推到一侧后由里向外翻滚，外层饲料被推到另一侧后由外向里翻滚。饲料在对流过程中，两股物料相互渗透、变位而进行混合，在两侧翻滚过程中再进行混合；另外，物料又受到桨叶的推动作用进行着复杂的运动，其中既有圆周运动，又有轴向运动，依据物料的这种复合运动状态，同时产生了对流、剪切和扩散三种方式的混合作用，从而使物料达到快速、均匀的混合效果。

卧式单轴螺带桨叶式混合机结构示意图及外形分别如图 7-10、图 7-11 所示，主要技术参数见表 7-5。

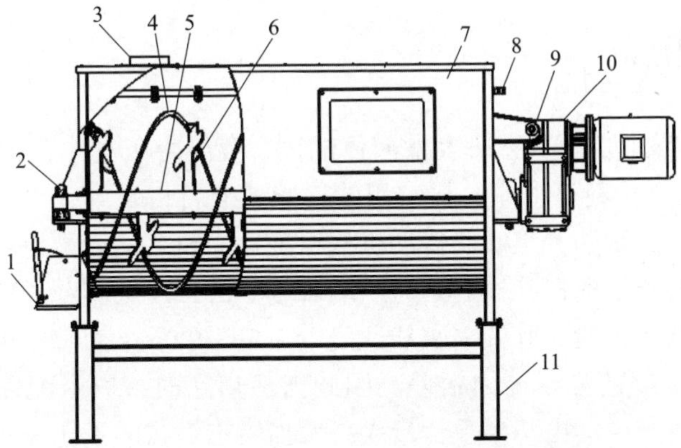

图7-10 卧式单轴螺带桨叶式混合机结构示意图

1—出料口；2—轴承 UCP314；3—排气孔；4—外螺带；5—主轴；6—内桨叶；7—壳体；8—加油口；9—轴承 UCP218；10—减速电动机；11—支腿

图7-11　卧式单轴螺带桨叶式混合机外形

表7-5　卧式单轴螺带桨叶式混合机主要技术参数

型号	HHLJ-1.0	HHLJ-2.0	HHLJ-4.0
有效容积/m^3	1	2	4
每批混合量/kg	500	1000	2000
每批混合时间/min	3 ~ 5	3 ~ 5	3 ~ 5
混合均匀度（*Cv*）	≤5%	≤5%	≤5%
配套功率/kW	7.5	15	22

第七节 连续式及其他类型的混合机

一、连续式混合机

连续式混合机常用于添加大量液体的固 - 液混合工艺中，液体添加量较大（1% ～ 10%）。在饲料工业中，最常用的连续式混合机是卧式单轴桨叶连续式混合机。它由机壳、转轴、桨叶及传动机构组成。由机壳的一端进料，并加入液态组分，经桨叶打击、搅拌并输送到另一端排出。卧式单轴桨叶连续式混合机的主轴转速不宜太低，一般桨叶的末端线速度以 1.5 ～ 2.0m/s 为宜。由于连续式混合机在轴向物料之间的混合能力很差，因此当使用它时，应当配以稳定的供料设备。在牛饲料生产中，由于牛采食量大，添加液态糖蜜的量比较多，在这种情况下，连续式生产的糖蜜混合机用得比较多；也可以在分批混合机中加入较大量液体后，再用桨叶连续式混合机进一步混合。

二、其他类型的混合机

其他类型的混合机在饲料行业中主要用于添加剂生产，都属于小型间隙式混合机，类型有转鼓形混合机、方锥混合机、V形混合机和三维混合机等。

转鼓形混合机结构示意图及外形分别如图 7-12、图 7-13 所示。

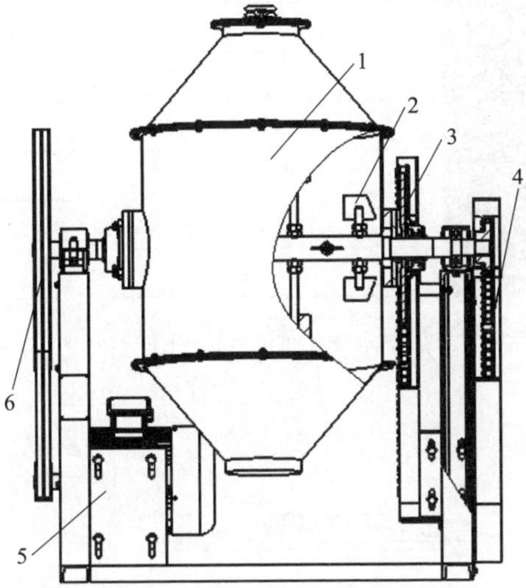

图7-12　转鼓形混合机结构示意图

1—腰鼓；2—桨叶；3，4—外传动链轮；5—电动机底座；6—三角带

图7-13　转鼓形混合机外形

转鼓形混合机结构：SZTH 系列转鼓形混合机主要由电动机、主轴、不锈钢转鼓和传动装置等组成。其工作原理：电动机经带轮减速带动主轴转动，主轴转速为 200r/min；主轴经齿轮箱减速，带动不锈钢转鼓反向转动，转速为 30r/min。工作时，先将物料倒进不锈钢转鼓后，关紧料门开启转鼓，转鼓带动物料上下翻动，再加上主轴上附带的小轴桨叶的协同搅拌作用，使物料达到均匀混合的目

的，在 5 ～ 8min 时间内，混合均匀度变异系数可以达到 $Cv \leqslant 5\%$。转鼓形混合机主要技术参数见表 7-6。

表7-6　转鼓形混合机主要技术参数

型号	SZTH25	SZTH50	SZTH100
电动机功率/kW	1.1	2.2	4.0
生产率/（kg/批）	25	50	100
主轴转速/（r/min）	200		
筒体转速/（r/min）	30		
筒体容量/m^3	0.057	0.112	0.236
混合时间/min	5 ~ 8		
混合均匀度（Cv）	≤5%		

方锥混合机结构示意图及外形分别如图 7-14、图 7-15 所示。

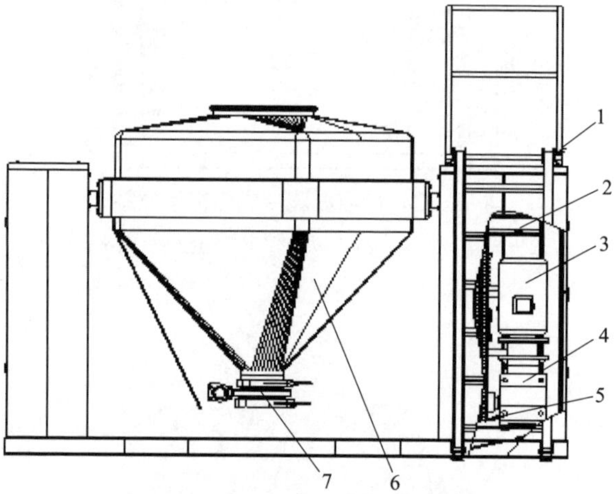

图7-14　方锥混合机结构示意图

1—爬梯；2—设备框架；3—电动机；4—减速器；5—链条；6—混合料仓；7—气动蝶阀

图7-15　方锥混合机外形

第8章　制粒工段设备

颗粒饲料对制粒有两个基本要求。

（1）品质要求：要求生产出用户满意和合格的颗粒饲料。合格的颗粒饲料具体体现在以下几个方面：①硬度适当；②长短均匀；③外观光洁，没有裂痕；④不含粉末。而且经过储存、搬运之后，至喂养动物时，仍能保持以上各项要求。

（2）效率要求：要求以最少的能量和最低的成本，生产出最多的、合格的颗粒饲料。制粒工段由制粒、冷却、碎粒和分级四道工序组成。

第一节　制粒机

一、制粒机的分类

1. 按成形原理分类

按成形原理分类，制粒机可分为挤出式和压缩式两类。

2. 按结构特征分类

按结构特征分类制粒机可分为螺旋式（属于挤出式，主要用于生产软颗粒料）和压模式两种。压模式又可分为平模式和环模式两大类。平模式制粒机一般是小型机，结构简单、制造容易、自动化程度低，配套功率一般在30kW以下，最大产量一般在1t/h左右，适用于农村个体养殖户使用。平模式制粒机最大的缺点是外边的模孔和内边的模孔在工作时的参数（如线速度等）是不一致的。半径差越大，差别越大，使内外颗粒质量产生差异。平模式制粒机结构示意如图8-1所示，带传动平模式制粒机外形如图8-2所示。在实际生产过程中，齿轮传动的平模式制粒机已逐渐代替带传动的平模式制粒机，设备外形更加紧凑，力矩传输效果更好，在市场上较为主流。齿轮传动平模式制粒机外形如图 8-3 所示。环模式制粒机应用最广泛，是将粉料制成颗粒料的关键设备。制粒过程中电耗较高，一般为 10 ～ 20kW · h/t。

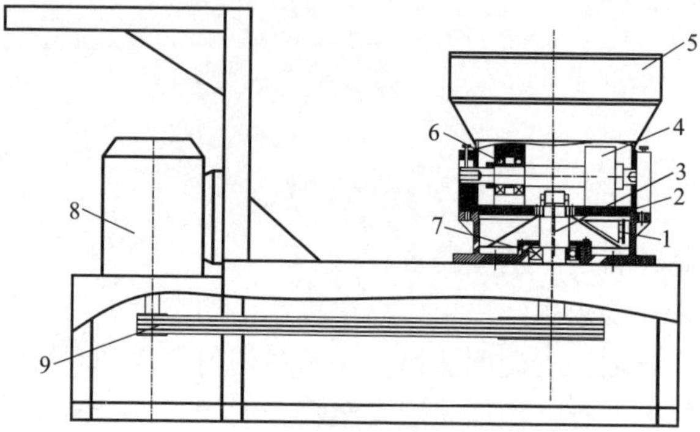

图8-1 平模式制粒机结构示意图

1—切刀；2—压模；3—主轴；4—压辊；5—料斗；6，7—轴承；8—电动机；9—传动带

图8-2 带传动平模式制粒机外形

图8-3 齿轮传动平模式制粒机外形

二、环模式制粒机的结构

环模式制粒机一般由以下三部分组成。

1. 喂料器

喂料器大多采用螺旋喂料器。其由绞龙轴、螺旋叶片、外壳、轴承、减速器、变频电动机和变频控制仪器等组成。绞龙叶采用变螺距结构，绞龙转速根据产量大小由变频控制器进行调节。

2. 调质器

调质器大多数采用桨叶式螺旋输送机形式。物料在调质器中的停留时间，可以用桨叶的角度来进行调控。桨叶的转速较快，对物料有打击作用，能使物料和少量蒸汽充分接触和搅拌，很快地吸收蒸汽的热量和水分，从而使物料的温度和水分得到提高，起到软化的作用。调质器由调质轴、桨叶、外壳、蒸汽添加口、轴承、传动系统等组成。调质器的长度可根据需要适当加长。调质器层数也可增加到最多三层。

3. 环模式制粒机主机

环模式制粒机主机由进料门、环模和压辊组成的制粒室，切刀、传动系统、过载保护系统和润滑系统等组成。根据传动形式不同又可分为齿轮传动和带传动两种形式。带传动又可分为单电动机传动和双电动机传动两种形式。大型带传动环模式制粒机由于环模转速较低，有的采用二级带传动形式，第二级低速传动采用齿形带传动。带传动环模式制粒机结构示意图及外形如图 8-4 和图 8-5 所示，齿轮传动环模制粒机结构示意图及外形如图 8-6 和图 8-7 所示。

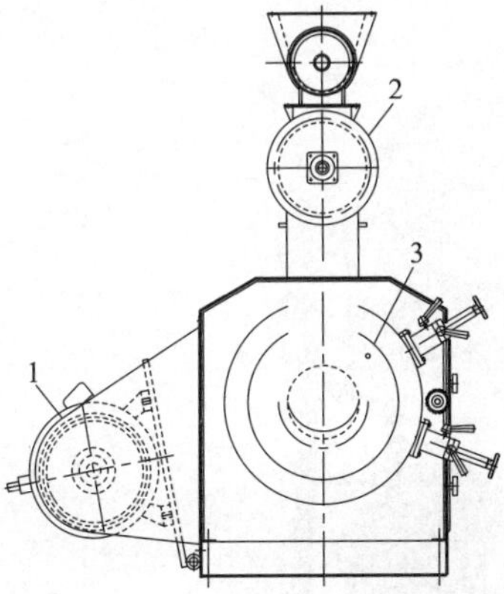

(a) 单电动机传动

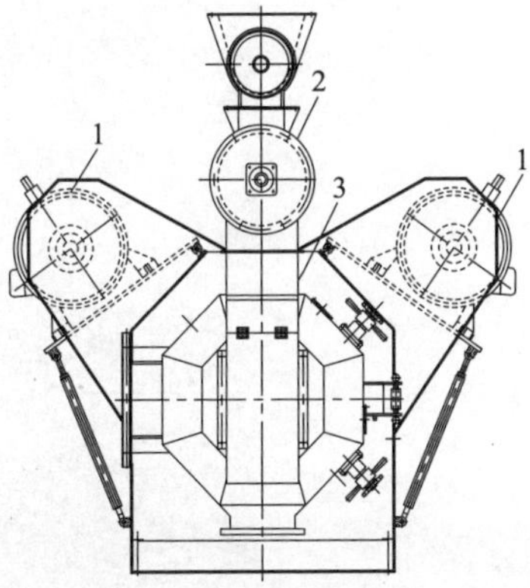

(b) 双电动机传动

图8-4　带传动环模式制粒机结构示意图

1—电动机；2—调质器；3—制粒机主机

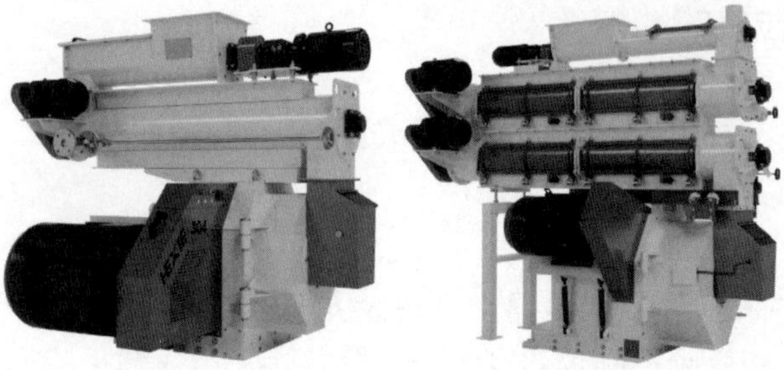

(a) 单电动机带传动　　　　(b) 双电动机带传动

图8-5　带传动环模式制粒机外形

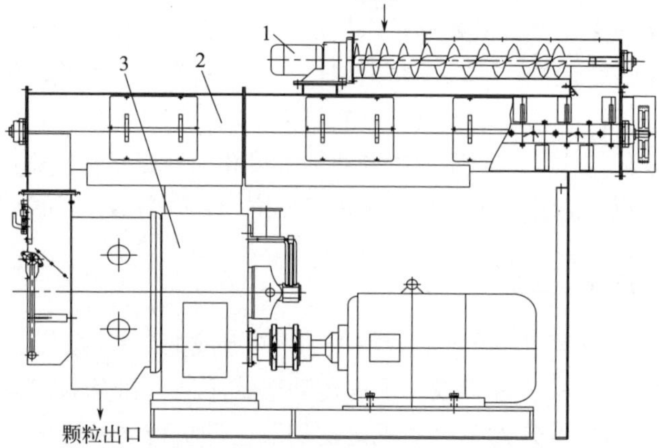

图8-6　齿轮传动环模式制粒机结构示意图

1—喂料器；2—调质器；3—制粒机主机

图8-7　齿轮传动环模式制粒机外形

三、环模式制粒机的工作原理

经过喂料和调质后，粉料经进料门进入由压辊和环模组成的制粒室内，在离心力的作用下经喂料刮刀均匀喂入环模内的两个压制区（即压辊与环模间形成的楔形空间内）。在压辊和环模的强烈挤压作用下，粉料被压实进入模孔，成形的物料从模孔中呈柱状挤出后，由切刀切成所需长度的颗粒。

四、制粒过程中物料受力分析

在制粒过程中，根据粉料在挤压过程中所处的状态不同可分为四个区，即供料区、压紧区、挤压区和成形区。

（1）供料区：粉料进入制粒室后，在受到环模旋转所产生的离心力作用下，紧贴在环模的内圈壁上。

（2）压紧区：随着环模（主动）和压辊（被动）的旋转，粉料受到挤压作用，压力逐渐增大，体积逐渐缩小。

（3）挤压区：粉料被挤压到一定结实程度后，进入模孔。

（4）成形区：物料在模孔中继续受到后面物料的压力，并克服模孔的摩擦阻力，从模孔的外侧挤出，形成一个结实的饲料柱状体。

环模和压辊工作过程示意图如图 8-8 所示。

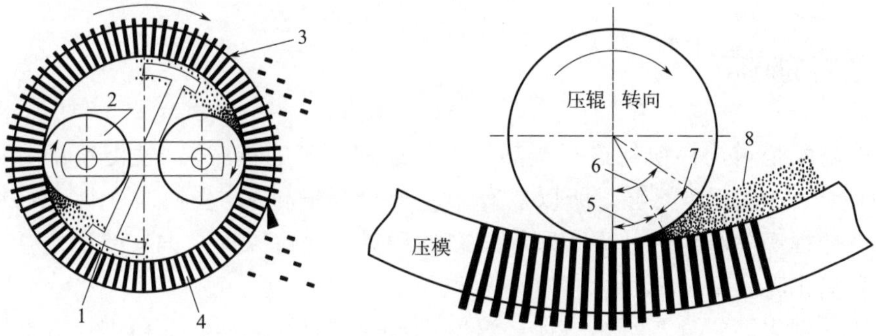

图8-8　环模和压辊工作过程示意图

1—喂料刮刀；2—压辊；3—切刀；4—环模；5—挤压区；6—成形区；7—压紧区；8—供料区

五、环模和压辊

1. 环模

（1）材质和加工。环模一般采用渗碳钢、合金钢或不锈钢制造。有的饲料成分在热和水分的作用下将析出游离脂肪酸，导致钢材腐蚀，采用不锈钢环模，则不会产生腐蚀。但不论何种材质，环模孔径在使用中都会逐渐磨损增大。环模加工首先将钢材锻造成毛坯，经正火处理后在车床加工成形，其次用专用钻床加工模孔，最后经渗碳处理或真空淬火处理。

（2）模孔的长径比。模孔的孔径与孔深（孔的长度）之比称为长径比。对于一定厚度的环模，孔径越大，则长径比越小，物料在模孔中越容易被挤出，生产率越高，这种颗粒质地松散；反之，长径比越大，生产率越低，颗粒坚韧，强度大。为了获得较好的制粒性能，并使产量和质量处于最合理的状态，对各种不同的饲料颗粒都有各自不同的长径比要求。

2. 压辊

压辊是用来挤压物料的装置。为了增加压辊外表面的摩擦力，表面加工出不同的形状，如钻孔、不封头齿槽形、封头齿槽形或堆焊耐磨合金材料等方式。环模内安装的压辊数量为 1 ～ 3 只。小型环模用 1 只，中型环模用 2 只，大型环模用 2 ～ 3 只。

3. 环模与压辊的间隙

环模与压辊的间隙在制粒过程中极为重要。这个间隙是可调的。间隙过小，会加剧环模和压辊的机械磨损；间隙过大，易造成打滑，影响产量和质量。对于一般物料，环模与压辊间隙以 0.1 ～ 0.3mm 为宜。

六、粉料的调质

调质就是对饲料粉料进行湿热处理（添加一定的蒸汽），使淀粉部分糊化（因为水分和温度都不够，所以只有一小部分能糊化），蛋白质变性，物料软化，以便提高制粒机的效率和颗粒饲料的质量；还可以提高饲料的稳定性、适口性和消化吸收率。

淀粉糊化需要具备三个条件：温度、水分和时间。谷物淀粉糊化温度一般为 80℃以上，水分过低不利于糊化，压力增大可缩短糊化的时间。调质和制粒时的高温还可以杀灭饲料中的大肠杆菌、沙门氏菌等有害病菌，可以提高产品的储存性能和有利于畜禽的健康。调质时蒸汽的添加量一般为 3% ～ 5%（粉料水分一般为 12% ～ 14%，添加蒸汽后水分达到 17% 左右）。物料水分过高将使物料变稀，承受不起压力而无法制粒。根据实践经验，使用的蒸汽应为饱和蒸汽，其温度高、水分少。用饱和蒸汽调质时，粉料每增加 1% 的水分，料温可升高 11℃。因为饱和蒸汽为过热干蒸汽，含水分少，有很大的潜热量，当 100℃的水蒸气变为 100℃的热水时，将放出的潜热量为 2258.2kJ/kg，可以帮助物料升高料温。一般在单层调质器内粉料的调质时间为 12 ～ 20s，增多调质器长度、增多调质器层数或采用双轴差速调质器都可以延长调质时间，从而提高糊化程度和颗粒质量。这对于生产水产饲料提高耐水性具有很好的作用。蒸汽管路安装示意图如图 8-9 所示。

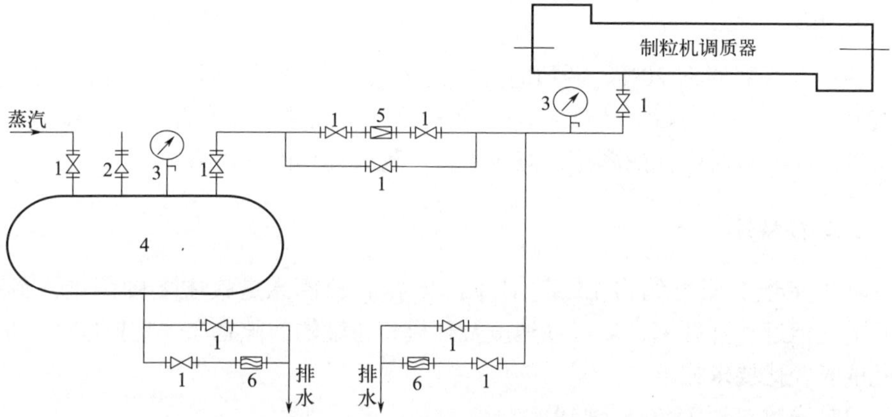

图8-9 蒸汽管路安装示意图

1—截止阀（10 个）; 2— 安全阀（1 个）; 3—压力表（2 个）;
4—储气罐（1 个压力容器）; 5—减压阀（1 个）; 6—疏水器（2 个）

七、影响颗粒质量的因素

影响颗粒质量的因素有很多，主要包括以下五个方面。

1. 配方

配方的影响最大约占 40%。有的原料容易制成颗粒，有的原料不容易制成颗粒，所以配方对颗粒质量至关重要。但是原料成本约占总成本的 80%，所以配方又与饲料的价格息息相关。在粉料中添加油脂可以提高产量，降低电耗，但添加比例一般不超过 3%，否则会造成颗粒过于松散或不容易成粒。如果需要添加更多油脂，应在制粒完成后采用外喷涂或真空喷涂的办法解决。

2. 粉料粒度

粉料粒度的影响约占 20%。粉料粒度过粗或有大粒原料夹杂其中，对制粒效率和颗粒质量都有不良影响。一般对于畜禽料，建议理想的粉料粒度分布如下：

（1）3mm 以上——不得超过 1%（越少越好）。

（2）2mm 以上——不得超过 5%。

（3）1mm 以上——约占 20%。

（4）0.5mm 以上——约占 30%。

（5）0.25mm 以上——约占 24%。

（6）0.25mm 以下——不得少于 20%。

如果是生产小颗粒料或水产饲料，要求粉料粒度要更细一些。

3. 调质

调质的影响约占 20%。调质时加入的蒸汽量为 3% ～ 5%（必须加入过饱和蒸汽），可提高料温 33 ～ 55℃，调质效果好，可以提高制粒机产量和颗粒质量，还可以减少物料对模孔的摩擦，减少磨损，延长环模的使用寿命。

4. 环模特性

环模特性的影响约占 15%。其中，模孔的长径比是最主要的因素，另外，模孔的光洁度、开孔率、环模线速度及环模和压辊的间隙也有一定影响。一般环模孔的长径比要求如下:

（1）畜禽料为 1 :（8 ～ 12）。

（2）水产料为 1 :（14 ～ 16）。

（3）对虾料为 1 :（18 ～ 24）。

5. 其他因素的影响

其他因素的影响约占 5%。其中最主要的影响因素是冷却。冷却过程处理不好，热颗粒受到温度过低的冷风吹过，容易引起颗粒表面开裂等缺陷。逆流式冷却器大大改善了这一情况，只要冷却风量和时间选择恰当，就会取得比较满意的冷却效果。

以上因素相互影响，其中 60% 产生在调质之前，通过恰当的调质处理，可以部分克服因粒度或配方不当而造成的影响，生产出合格的产品。

八、提高颗粒质量的措施

在生产中提高颗粒质量、减少粉末的措施如下所述。

（1）加强调质。

（2）提高粉料细度。

（3）磨快切刀并调整切刀位置。

（4）降低产量（延长物料在模孔中的停留时间）。

（5）添加黏结剂。

（6）调整配方。

（7）增加环模孔的长径比（必须更换环模）。

九、颗粒饲料品质的检验

颗粒饲料品质检验的主要内容包括成形率、粉化率（耐久性）、硬度、水中稳定性（对水产饲料有此要求）。另外，对颗粒质量的外观也有一定的要求。

1. 成形率

成形率是粉料通过压模后制成的颗粒量与总量的比例。它是衡量饲料配方、调质、粉料粒度、压模特性等综合性能好坏的一个指标。检验时，用筛孔边长为颗粒直径 0.8 倍的筛子进行筛选，一般成形率要求达到 95% 以上，如果达不到此标准，必须找出原因加以改进。

2. 粉化率（耐久性）

粉化率（耐久性）表示颗粒料的结实程度，表现出颗粒料在忍受各种处理和搬运的过程中，不被破坏的能力。检验时用粉化率测定仪来进行测定（即旋箱法）。将 500g 经过筛分的合格颗粒样品放入箱中，以 50r/min 的速度旋转 10min，然后将样品倒出来过筛称重，粉末小于 5% 为合格。

3. 硬度

硬度是颗粒承受重压而不被破坏的能力。一般小颗粒比较不容易被压碎，所以直径 3mm 以下的小颗粒，可以不做硬度测定。

4. 水中稳定性

水中稳定性用颗粒饲料放在水中溶散所需要的时间来表示。不同品种的水产饲料，对水中稳定性的要求不一样。要提高水中稳定性，除了采用以上提高颗粒质量的方法外，还可以采取增加调质器数量、加黏结剂、增加前后熟化器等措施，特别是加后熟化器并保持较长的时间，使淀粉糊化程度提高，效果更为明显。

另外，对颗粒饲料的外观质量还有以下三点要求。

（1）均匀的长度：一般颗粒长度为直径的 2 ～ 2.5 倍。长度不均匀，不但影响颗粒的外观，对成形率和粉化率也会产生影响，因为短料多，断面也多，破碎点也多，就容易产生粉末。

（2）含粉率：既然用户买的是颗粒饲料，当然要求粉末越少越好。但因为在制粒生产过程中会产生一些粉末，所以在包装前应用分级筛把粉末筛出来，然后重新制粒，以减少颗粒料成品中的粉末量。

（3）表面的颜色和光泽是否一致也很重要，它能反映颗粒质量、粉料混合是否均匀和其他一些问题。

第二节 冷却器

冷却主要是用冷空气对高温的颗粒饲料进行冷却，同时还有降低水分的作用。刚从制粒机中生产出来的颗粒饲料温度可高达90℃，水分达到14%～17%，如果不进行冷却，产品将无法保存。通过冷却处理后，料温将降至与室温接近，一般不高于室温3～5℃，水分也能达到国家储存标准所要求的安全水分以下，一般南方不大于12.5%，北方不大于14%。冷却后颗粒既能增加硬度，又能防止霉变，便于颗粒饲料的运输和储存。

一、冷却器的分类

冷却器根据形式不同可分为流化床、振动流化床、滚筒冷却器、卧式冷却器和立式冷却器等多种类型。流化床和振动流化床结构简单，一般用于产量较低、降温幅度不大的场合。滚筒冷却器可以冷却各种物料（包括粉料、颗粒料和膨化颗粒料）。制粒工段的冷却器主要有卧式和立式两大类。卧式冷却器占地面积大，但高度较低，采用履带式结构。如果采用热风通过，即成为烘干机（用于湿法膨化料的干燥）。立式冷却器占地面积小，但高度较高，可充分利用厂房的高度，结构相对简单。立式冷却器又分为塔式和逆流式两种，由于逆流式在工作原理上更为合理，现在已完全取代了塔式冷却器，在饲料厂中被广泛采用。

二、冷却器的工作原理

无论冷却器的结构形式如何，其工作原理基本上是相同的，即高温、高湿的颗粒饲料从进料口进入冷却器，物料在冷却器停留或移动的过程中，由风机抽取的外界的冷空气穿过物料层，进行热量的交换，带走颗粒饲料散发出来的热量和水分，从而使颗粒饲料得以冷却，以达到降温和降湿的目的。由于冷却器型号不同，进料方式、排料方式及冷风穿透物料层的方式也不尽相同。

颗粒饲料的冷却过程实际上是一个湿、热传递过程。当冷空气通过高温、高湿的颗粒饲料时，颗粒表面的热量和水分很容易被冷空气带走，此时颗粒内部和表面就产生了温度和湿度的差异，这种差异通过热传递和毛细管作用，内部的热量和水分逐渐向表面扩散，扩散的速度与颗粒中心部位相对于表面的温度差、湿度差、颗粒直径大小及内部组织有关。温度差和湿度差越大，颗粒直径越小，则温度和水分扩散速度越快，反之则越慢。

所以，在冷却器使用过程中需要按颗粒温度、湿度、颗粒直径大小及颗粒成分，调节风量和冷却时间，以达到最佳冷却效果。

三、塔式冷却器

塔式冷却器有两个矩形柱筒，颗粒饲料由顶部进入，分两路向下流动，冷空气从冷却器两边的百叶窗进入，横向穿过物料层起到冷却作用。为了防止物料被气流带走，在柱筒内侧用钢丝网或冲孔板隔挡。物料充满至上部料位器后，排料机构（偏心连杆机构）启动，进行排料，在生产过程中，物料在冷却器内始终保持充满状态，物料从进料到出料一般需要经过 10 ～ 15min。塔式冷却器结构示意图如图 8-10 所示。

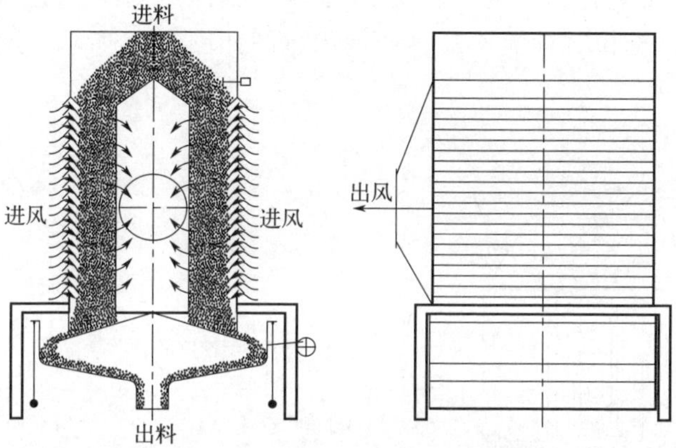

图8-10　塔式冷却器结构示意图

塔式冷却器的缺点：刚进入冷却器的热料和即将排出冷却器的冷料，都采用同样的冷空气进行冷却，空气没有得到充分利用；热料遇到冷空气时，如果温差过大，容易造成颗粒料表面产生裂纹；另外，外侧的物料冷却快，内侧的物料冷却慢，容易造成物料冷热不均匀。塔式冷却器现在已被淘汰。

四、逆流式冷却器

逆流式冷却器是现在饲料加工厂中应用最多的一种冷却器。其由叶轮喂料器（闭风作用）、顶盖、出风管、菱锥形散料器、外壳、上下料位器、排料机构、机架和出料斗等组成。

在冷却过程中，颗粒料经喂料器（关风器）进入冷却器中，经菱锥形散料器均匀散落在冷却器中，冷却器中安装有上下两个料位器，开始时颗粒料逐渐堆积，当触及到上料位器时，排料机构开始排料，当饲料下降至下料位器时，排料机构停止工作；也可以通过安装上料位器和时间继电器来控制排料时间。风机是始终工作的，颗粒料由上往下逐渐排出，冷空气从下往上穿过物料层，对颗粒料进行冷却。物料与空气的流向正好相反，所以称之为逆流式冷却器。由于这种工作方式是冷空气与较冷的颗粒料进行接触，而高温的颗粒料与较热的空气进行接触，避免了冷空气与热料直接接触而产生的骤冷现象，防止了颗粒表面产生开裂的可能。这种冷却器进风面积大，调节风量和冷却时间方便，冷却效果好。但这种冷却器不适合冷却粉状料。

逆流式冷却器的排料机构有两种形式：推拉式（又称往复移动式）排料机构和摆动式排料机构。

推拉式排料机构由分隔框、活动框和固定框组成。活动框由偏心连杆机构推动，在轨道上往复运动进行排料，停止排料时活动框必须停在一定的位置（由行程开关控制），否则将会发生漏料现象。排料流量的大小可通过调整固定框前后位置进行调节。推拉式逆流冷却器结构示意图如图 8-11 所示，逆流式冷却器外形如图 8-12 所示。

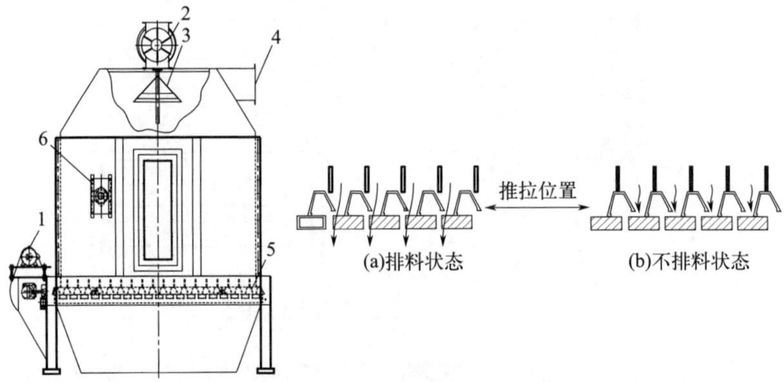

图8-11　推拉式逆流冷却器结构示意

1—电动机；2—喂料器（关风器）；3—菱锥形散料器；4—吸风口；5—排料机构；6—料位器

图8-12　逆流式冷却器外形

摆动式排料机构由框架、装有上下挡料板的转轴、带座轴承、连杆、连动装置、油缸和液压泵站（或气缸）等组成。转轴的转动角度由限位开关控制，以改变排量流量的大小。一般情况下，排料机构始终处于不排料位置。当生产结束时，可通过手动开关将机内物料排空。摆动式逆流冷却器结构示意图及外形如图 8-13、图 8-14 所示。

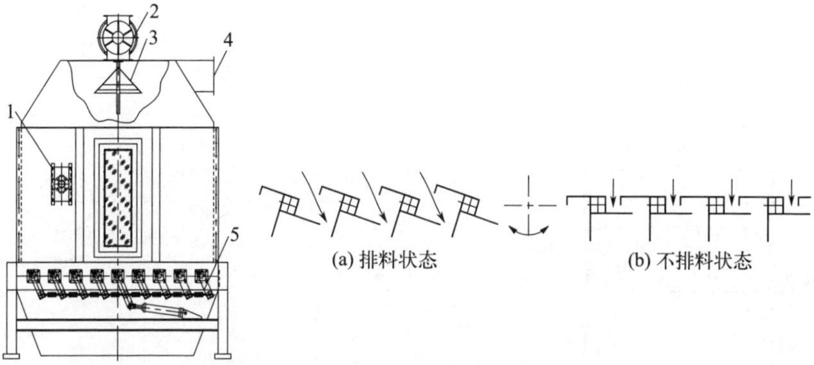

图8-13　摆动式逆流冷却器结构示意图

1—料位器；2—喂料器（关风器）；3—菱锥形散料器；4—吸风口；5—排料机构

图8-14　摆动式逆流冷却器外形

五、冷却器的风网系统

冷却器风网系统的配套好坏对冷却效果将会产生极大的影响。如果风网系统配套不合理，冷却效果则无法保证。冷却器风网系统示意图如图 8-15 所示。

风网系统由消声器、风机、风管、蝶阀、旋风分离器（又称离心除尘器或沙克龙）、关风器和逆流式冷却器组成。在设计风网系统时，应遵循以下规则。

（1）尽可能缩短整个风网系统的长度，减少弯头数量，避免因压力损失过大而导致风量减小，影响冷却效果。

（2）尽可能缩短水平管道的长度，防止粉尘沉积影响通风面积。

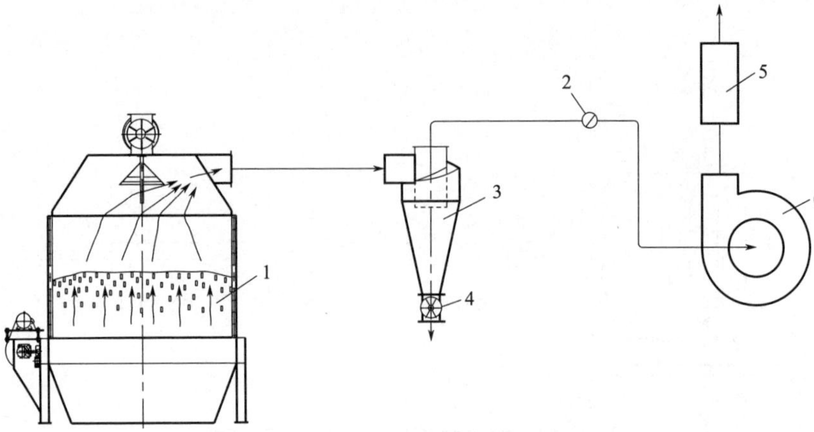

图8-15　冷却器风网系统示意图

1—冷却器；2—蝶阀；3—沙克龙；4—关风器；5—消声器；6—风机

（3）为了防止冷凝水产生，风管外应包有隔热保温材料。

（4）合理选择风管直径，使风管内的风速达到 12 ～ 16m/s。如果风速过低，粉尘容易集结在风管壁上，冷凝水也容易产生。

（5）风管上应装有风量调节装置（蝶阀），以便根据不同情况（如颗粒直径不同、配方不同等）来调节风量。

（6）离心除尘器应安装在风机前面，采用负压方式进行除尘，以保证风机叶片不被潮湿的粉尘黏附而影响风机工作。

（7）由于风机噪声较大，最好在风机出口配置消声器。

第三节　碎粒机

不同的畜禽在不同的生长期对颗粒饲料大小的要求是不同的。如果喂养雏鸡，就需要采用较小的颗粒饲料。若使用小孔径压模直接生产小颗粒饲料，则产量低、电耗大。碎粒机是将大颗粒料破碎成小颗粒料的专用设备。采用先压制成大颗粒再用碎粒机破碎成小颗粒的方法可提高产量 1 倍，并可大幅度降低电耗，提高全流程的生产效率。

一、碎粒机工作原理

碎粒机工作原理与面粉加工厂的磨粉机相似。它利用一对转速不等的轧辊做相对转动，当颗粒饲料经冷却后进入碎粒机两个轧辊中时，通过两轧辊的差速运动和锯形齿槽对颗粒产生的剪切和挤压作用，使颗粒产生破碎。所需破碎粒度可通过调节两轧辊间距来获得。如果无须破碎，可通过活门使颗粒饲料从旁路通过，同时触碰行程开关使电动机断电停转。碎粒机工作原理如图 8-16 所示，碎粒机外形如图 8-17 所示。

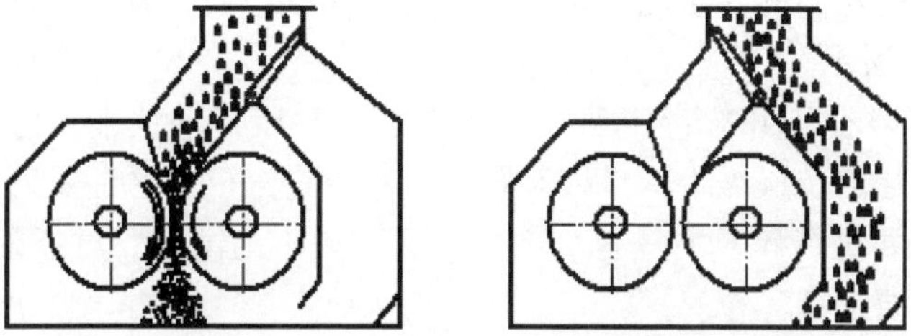

(a) 碎粒时　　(b) 不碎粒时

图8-16　碎粒机工作原理

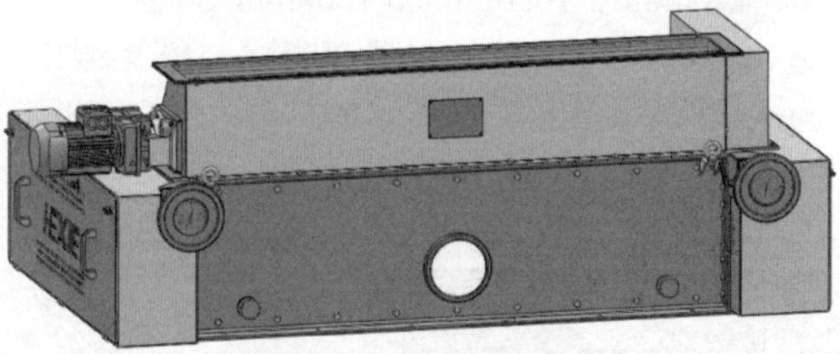

图8-17　碎粒机外形

二、碎粒机的主要结构

一般碎粒机装有一对转速不同的轧辊，其主要结构由位置固定的快辊、可移动的慢辊、轧距调节机构、活门及操纵机构、传动机构及机架等组成。为了使进入碎粒区的颗粒在辊长方向更加均匀，在碎粒辊上方加一根喂料辊，也就是俗称的三辊碎粒机。

轧辊是碎粒机的主要工作部件，辊体采用双金属离心浇铸而成。外层为硬度层，硬度很高且耐磨。内层为低成本的灰口铸铁。辊齿需经车床车圆，再经拉丝机加工出锯形齿槽，经过使用齿槽磨损后可进行拉丝修复，可多次重复使用。两个轧辊工作中有快辊和慢辊之分，两辊直径、长度相同，但转速不同，快辊与慢辊速度比一般为 1.5∶1。辊齿加工成一定的斜度（一般为 1∶12），可使轧辊运转更加平稳，有利于对颗粒的剪切作用，提高破碎效率。轧辊安装要求采用“锋对锋”形式，这样就增加了剪切力，减少了碎粒过程中粉末的产生。

轧辊齿形有大、小两种，大齿形用于生产小鸡饲料，小齿形用于生产对虾饲料。还有一种轧辊配对方式，快辊加工成斜齿，而慢辊齿形沿圆周方向加工成V形槽。

轧距调节机构在轧辊的两端各设置一个，根据破碎粒度要求来调节两辊之间的距离。慢辊装有弹簧压紧机构，当有硬物进入破碎区时，能自动增大轧距，待其通过后，自动恢复原有轧距继续工作，以保护辊齿不被破坏。机构中还设有限位螺钉，限制两辊间的最小轧距位置，以保证两辊不会相碰。轧辊形式和安装示意图如图8-18所示。

传动机构一般采用V带传动，电动机通过V带带动快辊，再由快辊通过V带带动慢辊。活门及操纵机构是控制颗粒饲料是进入碎粒区还是通入旁路管道的控制机构。需要进行碎粒的只有小部分产品（如小鸡饲料、对虾饲料），而大部分产品并不需要进行碎粒。

现在碎粒机的规格是由轧辊直径和长度两个参数确定的：轧辊直径有150mm、200mm、220mm、240mm和300mm等规格；轧辊长度有800mm、1000mm、1200mm、1400mm、1600mm和1800mm等规格。

轧辊的长度是决定碎粒机产量的主要因素，一般轧辊单位长度的产量为79～90kg/（h·cm）。轧辊长度受到制造、加工和成本的制约。

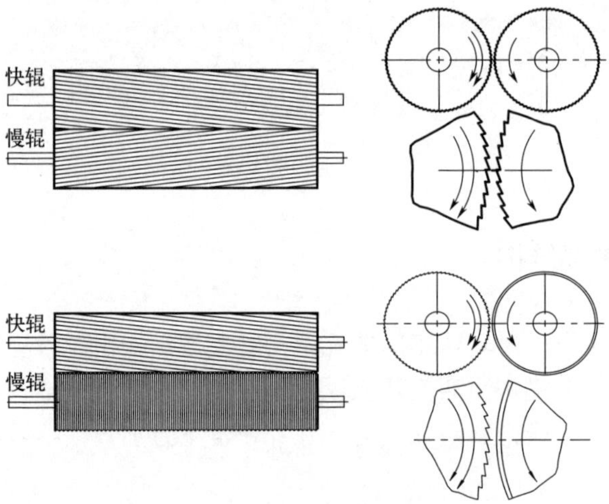

图8-18　轧辊形式和安装示意图

三、碎粒质量

采用碎粒机生产小颗粒饲料时，应注意要求制粒和冷却后的颗粒硬度要更硬一些，颗粒长度也要更长一些，冷却器冷却时间要比生产一般颗粒冷却时间长 10% 左右，这样可以减少碎粒时产生的粉末。颗粒饲料的长度一般为直径的 2 ～ 2.5 倍，但对碎粒料来说，长度稍长一些会更好，因为长度越短，断面越多，产生粉末的场所也就越多，所以长度可以控制为直径的 4 ～ 5 倍。另外，碎粒机的产量不能代表成品的产量，因为在碎粒过程中只能生产出 80% 左右的合格碎粒，还有 20% 的不合格小粒和粉末需要重返制粒机制粒。根据实践经验，总结出保证碎粒产品产量和质量的以下三个要点。

（1）制粒时生产的颗粒质量要好（保证颗粒的硬度和较长的长度）。

（2）碎粒时要控制好少产生粉末（轧辊“锋对锋”安装、调节两辊间距为 2/3 颗粒直径）。

（3）保证分级的效果要好（分级筛要配置合理的筛网）。

四、新型碎粒机（多层碎粒机）

普通碎粒机在将较大颗粒破碎成小颗粒时，如果破碎前后颗粒大小相差太大，则产量较小；而采用多层碎粒机可以解决此问题，提高了产量近两倍，大幅度降低了能耗，并提高了饲料厂全流程的生产效率。另外，当将玉米作为直接投喂的粉状饲料的成分时，通常要求粉碎后的细粉少一些、颗粒多一些。而传统粉碎机粉碎后细粉较多，性能较差。多层碎粒机直接破碎玉米则可轻松达到这一要求，并且成品率提高 10% ～ 20%，电耗节能约 76.9%。双层碎粒机结构示意图及外形分别如图 8-19 和图 8-20 所示。

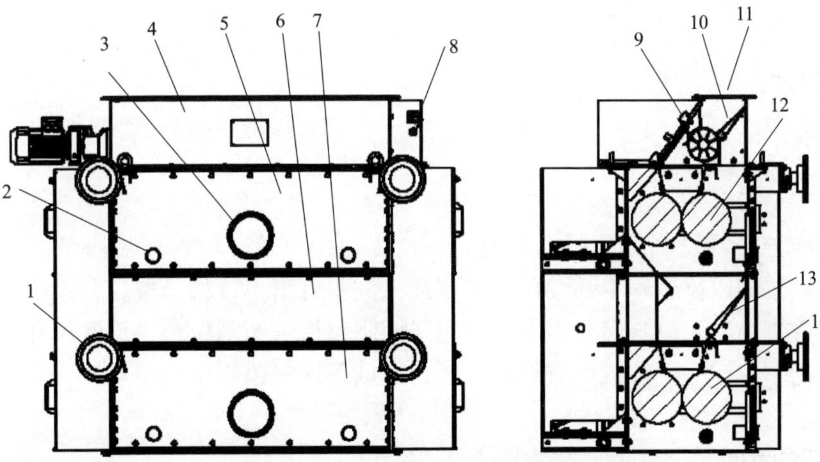

图8-19　双层碎粒机结构示意图

1—调节手轮; 2—取样孔; 3—观察孔; 4—喂料组件; 5—一级碎粒组件; 6—中间翻板组件; 7—二级碎粒组件; 8—急停开关; 9—喂料转子; 10—一级碎粒控制翻板; 11—进料口; 12—一级轧辊; 13—二级碎粒控制翻板; 14—二级轧辊

图8-20　双层碎粒机外形

如图 8-19 所示，颗粒物料经过进料口和一级碎粒控制翻板进入喂料组件内（不需要一级破碎的物料，可转动翻板直接进入中间翻板组件），在喂料辊的作用下，颗粒物料均匀进入一级轧辊之间，通过快慢辊的差速转动使颗粒受到剪切及挤压作用而破碎，然后进入中间翻板组件，经过二级碎粒控制翻板到达二级碎粒组件（不需要二级破碎的物料可转动翻板直接到达出料口排出），进入二级轧辊之间，通过二级轧辊和快慢辊的差速转动使颗粒受到剪切及挤压作用而破碎，实现所需的颗粒大小。所需破碎粒度可通过调节两轧辊间距来获得。

第四节 分级筛

颗粒分级筛是制粒工段中的最后一道工序，也是碎粒料成品质量的保证措施。在制粒和碎粒过程中都会产生一定数量的不合格小粒和粉末。分级筛的作用是将不合格小粒和粉末筛分出来，然后送回制粒机重新制粒；将几何尺寸大于合格产品的颗粒送回碎粒机重新破碎；将合格成品送去包装。

一、筛选原理

筛选是采用筛网的孔洞将物料分成两部分：凡大于筛孔尺寸不能穿过筛孔的称为筛上物；小于筛孔尺寸能穿过筛孔的称为筛下物。分级筛需要根据筛分物料的粒度要求选配相应筛孔的筛网或筛板。如果在一个筛体上安装 2 ～ 3 层筛网，就可以分出 3 ～ 4 种不同粒度的物料。

二、分级筛的类别

常用的分级筛有振动分级筛和回转分级筛两种。

振动分级筛结构简单，制造成本较低，直接采用一台或两台振动电动机带动动筛体振动。一些不配套碎粒机的小型饲料加工机组，可直接将其安装在冷却器下使用。

回转分级筛是饲料加工厂中应用最广泛的分级设备。它的筛体运动综合了圆运动、椭圆运动和直线运动的优点，并有筛面清理机构（采用橡皮球），因此产量大，筛分效率高。回转分级筛由机架、吊索、底座、电动机、传动机构、筛体和支承板等组成。分级筛的筛面宽度大小决定了筛的产量大小。各厂家生产的型号、筛宽和筛长是不完全相同的。平面回转筛结构示意图及外形分别如图 8-21 和图 8-22 所示，平面回转筛主要技术参数见表 8-1。

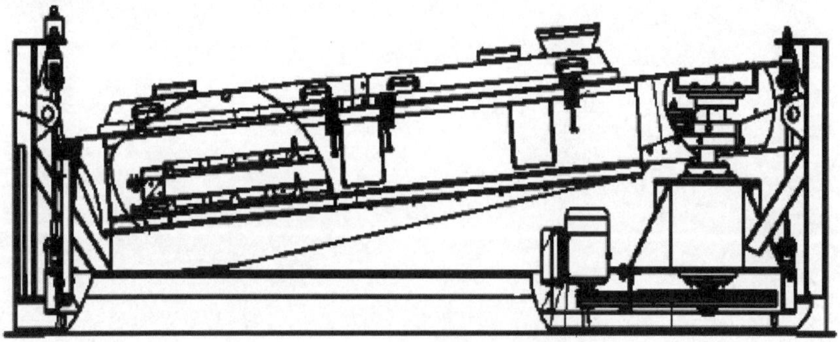

图8-21　平面回转筛结构示意图

图8-22　平面回转筛外形

表8-1　平面回转筛主要技术参数

型号	SFJH80×2	SFJH100×2	SFJH120×2	SFJH140×2
筛宽尺寸/mm	800	1000	1200	1400
筛面层数/层	2	2	2	2
筛面倾斜角度/(°)	4 ~ 6	4 ~ 6	4 ~ 6	4 ~ 6
偏心轴转速/(r/min)	260	260	260	260
回转半径/mm	30	30	30	30
产量/(t/h)	8 ~ 12	12 ~ 18	18 ~ 20	20 ~ 25
配用动力/kW	1.1	1.5	2.2	3

注：也可以制造三层筛面的分级筛，这种筛可减少更换筛面的次数，但需要在订货时特别注明。

第9章 挤压膨化设备

挤压膨化加工技术应用于食品工业已有100多年的历史，但该技术用于饲料工业开始于20世纪50年代。其开始主要用于加工宠物饲料，以及对动物饲料和原料进行预处理，以改善消化性和适口性。另外，其还用于生产反刍动物蛋白补充料的尿素饲料。到20世纪80年代，挤压膨化技术成为发展速度最快的饲料加工新技术。它在特种饲料、水产饲料、早期断奶仔猪料及饲料资源开发等方面具有传统加工方法无可比拟的优点。近年来，由于挤压膨化加工技术的发展和加工工艺的完善，挤压膨化机价格有所下降，以及挤压膨化技术对饲料理化性质和营养价值的深入研究，进一步推动了挤压膨化机在饲料工业中的应用。

第一节 挤压膨化加工基础知识

一、挤压膨化加工的特点

挤压膨化加工主要具有以下优点。

（1）可以加工出不同密度的产品，用以满足不同饲养对象的需要。根据产品的密度要求，通过改变挤压膨化机的结构、参数和操作来实现。

（2）可以加工出不同形状和大小的产品。根据产品的形状和大小要求，用模孔的结构、形状和尺寸来控制。

（3）可用作饲料原料的前处理，使淀粉糊化、破坏或降低抗营养因子的活性（大豆）。

（4）可用作灭菌处理。挤压膨化过程中的高温、高压可杀灭各种微生物和病菌，如果保存方法得当，产品可以进行较长时间的存放。

（5）可用作饲料原料开发。通过挤压加工可以将羽毛及动物屠宰废弃物作为饲料蛋白质资源加以利用。

（6）可以提高饲料产品的消化吸收率，并改善其适口性。

（7）可以提高水产饲料的水中稳定性和耐久性，减少浪费和对水质的污染。

（8）挤压膨化加工过程中不会排放废水、废气，所以不会造成环境污染。

虽然挤压膨化加工具有上述优点，但也存在着明显的缺点。例如：挤压膨化加工电耗特别高；挤压膨化过程中产生的高温、高压，会使饲料中的热敏性营养素遭到相当严重的破坏，从而使挤压膨化产品中维生素等营养素的含量大大低于饲养动物的生长需要；膨化产品成本高、容重低，可能会降低饲养动物的实际采食量，使增重率降低、养殖成本提高。所以膨化饲料并非所有养殖对象都适用，主要还是适用于高附加值的养殖产品。

二、挤压膨化加工的原理

挤压膨化加工是将物料置于挤压腔的高温、高压状态下，然后突然释放至常压使物料的形状、内部结构和性质发生变化的过程。加工的方法是借助挤压膨化机内螺杆旋转所产生的推力将物料向前推进，在推进过程中，物料受到搅拌、摩擦、剪切和挤压作用，使挤压腔内物料的温度和压力大大升高（温度可达120～200℃，压力在1MPa以上，由于高压作用避免了水的沸腾）。物料在高温、高压作用下，使淀粉糊化、蛋白质变性，一些自然形成的毒性如大豆中的胰蛋白酶抑制剂被破坏，产品中的微生物被大量杀灭，并在储存期间能导致物料变质的各种酶的活性钝化。

在这一过程中，为了避免物料中的营养成分遭到很大的破坏，物料在挤压腔内高压段的停留时间不宜过长，一般只有5～10s，然后从一定形状的模孔中挤出，由高温、高压突然降到常压，使物料迅速膨胀，其中游离水分在此压差下急骤汽化，水的体积可膨胀大约2000倍，谷物的体积可以膨大几倍到十几倍。有些产品不需要很大的膨化率（如沉性鱼饲料），可采用在挤压腔出口端降低压力和温度的办法（温度可降到不超过100℃），以达到挤压产品少膨化或不膨化的目的。

膨化机结构示意图和外形分别如图9-1和图9-2所示。

三、挤压膨化机的分类

1. 按功能特点分类

挤压膨化机按功能特点分类可分为单一功能挤压膨化机和多功能挤压膨化机。单一功能挤压膨化机结构简单、参数不能随意改变，它是为单一产品专门设计的，局限性大、适应性差（大多为小型膨化机）；而多功能挤压膨化机能通过

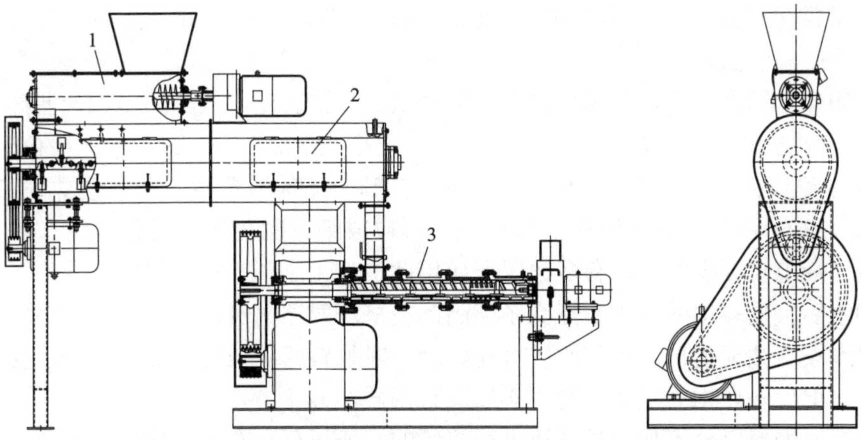

图9-1　膨化机结构示意图

1—喂料器；2—调质器；3—单螺杆膨化机

图9-2　膨化机外形

某些参数的改变和部分零部件如螺杆、筒体、模头的更换，实现不同要求的长径比、压缩比、模孔形状、开孔面积、螺杆转速、温度、压力等工艺要素的变化，从而能够适应各种要求，适用于生产各种产品。

2. 按加工方法分类

膨化方法可分为干法膨化和湿法膨化。干法膨化是指不加水、不用外加热，单纯依靠物料与膨化机螺杆与筒壁之间的相互摩擦产生的热量而进行挤压膨化的方式，这种方式起源于全脂大豆的挤压膨化。这是因为大豆含有很多油脂，润滑性能很好。干法膨化机结构比较简单、价格也较低，但操作较困难，挤压温度不易控制，营养破坏也较大，并且能耗大、产量低。随着挤压技术的发展，被加工的物料种类越来越多，性能差异也很大，很多物料的含油量很低、水分也不高、流动性差，无法进行干法膨化。为了保证挤压过程能够顺利进行，在挤压前和挤压中常常另外加入一些蒸汽和水，以帮助物料增加水分、减少摩擦、改善流动性，这就是湿法膨化。

如今全脂大豆膨化有采用完全不加蒸汽的干法膨化方式和适当加一些蒸汽的湿法膨化方式。全脂大豆采用干法膨化时要损失 3% ～ 4% 的水分，颗粒偏大、颜色枯黄（褐色）。湿法膨化时一般加入 3% ～ 5% 的蒸汽（蒸汽压力为 3kgf/cm^2），膨化后产品基本保持原有水分，颗粒较细，颜色为金黄色，生产效率要高些，耗电也要少些，现有多数厂家使用此法加工。由于在物料膨化中加入了蒸汽和水后，物料中的含水率提高了，因此在挤压时容易流动、摩擦力较小，故挤压温度较干法膨化低，而且比较容易控制，对物料营养成分的破坏比干法膨化要小些，但设备要相对复杂一些（必须配有调质器）。

有些物料完全不加水是无法进行挤压的，所以现在有人将挤压前水分添加较少，挤压后产品不需要经过干燥，只需要经过冷却处理即可达到储存安全水分的方法称为干法膨化；而将挤压前添加水分较多，挤压后产品必须经过干燥和冷却处理才能达到储存安全水分的方法称为湿法膨化。

国外对水分在挤压膨化过程中的作用及其对膨化机和膨化性能的影响做过许多研究。添加水分在挤压膨化过程中能促使淀粉糊化和蛋白质变性，并能提高产量、降低主轴所需的驱动功率；而不添加水分会增加挤压膨化腔内的剪切力，除了会导致维生素损失加大及氨基酸成分被破坏外，还会增加螺杆与筒壁的磨损，并降低产量、增加电耗。据美国 Wenger 公司研究报道，挤压腔内物料最佳水分为 27%，当水分降低到 15% 时，生产成本将增加 2.7 倍，电耗将增加 4.7 倍，磨损将增加 4.8 倍。

3. 按机器结构分类

挤压膨化机按机器结构分类可分为单螺杆挤压膨化机和双螺杆挤压膨化机两种。

单螺杆挤压膨化机结构相对比较简单，价格也相对较低。在单螺杆挤压腔中，物料基本紧密围绕在螺杆的周围，螺杆转动时物料沿着螺纹就像螺母一样向前移动，但当物料与螺杆的摩擦力大于物料与机筒的摩擦力时，物料将与螺杆产生共转（一起旋转），这就不能实现对物料的向前挤压和输送作用。物料的水分、油分越高，这种趋势就越显著。为了避免这个问题的发生，就必须控制水分和油分，以减小物料与机筒内壁的润滑作用，所以单螺杆挤压膨化机对高水分、高油分物料的生产还存在一定的困难。另外，单螺杆挤压膨化机在工作结束时，后续没有物料继续加入时，膨化腔内的物料不会自动排出，它没有自清洁功能，所以停机后必须人工打开膨化腔清除机内的积存物料。

双螺杆挤压膨化机结构较复杂、制造难度较大（特别是大功率的双螺杆挤压膨化机）、价格也较高，但它具有很多突出的优点。这种机型，物料与螺杆不会发生共转，这样机筒内壁就可以做成光滑的表面，可以避免不必要的摩擦，降低运转所耗的能量，同时还可以把螺杆与机筒之间的间隙做到最小，减少物料沿间隙逆流反喷的可能性，即使高水分、高油分的物料，也不易产生逆流，可以进行更高压力和更高温度的挤压处理。

双螺杆挤压膨化机又有非啮合型、部分啮合型和全啮合型三种啮合方式。

旋转方向又可分为同向旋转、向内反向旋转和向外反向旋转三种形式，它们都具有自洁能力，并各有特点。

目前看来，同向旋转紧密啮合梯形螺纹的双螺杆挤压膨化机优势更为明显，是当前发展的主流。双螺杆挤压膨化机啮合方式和旋转方式如图 9-3 所示，单、双螺杆挤压膨化机主要差别比较见表 9-1。

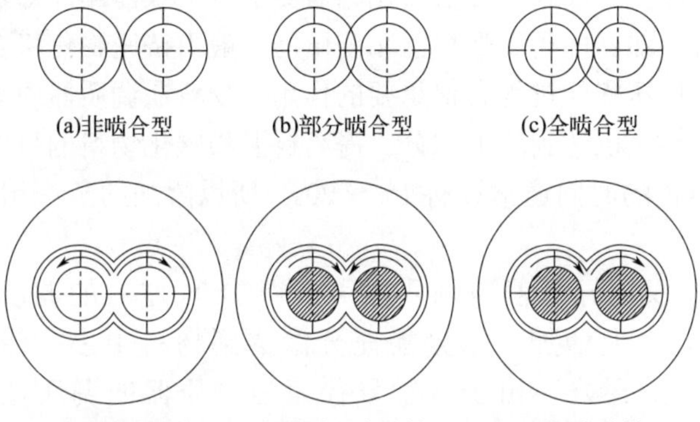

图9-3　双螺杆挤压膨化机啮合方式和旋转方式

表9-1　单、双螺杆挤压膨化机主要差别比较

项目	单螺杆挤压膨化机	双螺杆挤压膨化机
物料移动方式	靠摩擦力	靠螺杆啮合
自清洁性能	无	有较好的自洁作用
工作稳定性	易堵塞、易焦煳	较平稳
控制性能	不容易控制	较容易控制
物料的热分布	不容易均匀	均匀
适应性	适应范围小	适应范围大
物料允许水分	10% ~ 30%	5% ~ 95%（含油分高的物料也可以生产）
剪切力	强	弱
能耗	高	较低
生产能力	小	较大
加工品种	较少	多
设备价格	较低	高

第二节
挤压膨化生产工艺

一、挤压膨化机的生产工艺流程

完整的挤压膨化机生产工艺流程为：原料清理→粉碎→配料→混合→磁选→喂料→调质→挤压膨化→干燥→后喷涂→冷却→成品包装。

在整个工艺过程中，有的设备可以与其他工段的设备共用，如清理、粉碎、配料、混合、磁选等，有些工序和设备也可以根据产品要求和工艺安排而不设置，如干燥、后喷涂等。一般采用湿法膨化的需要配置干燥器和冷却器，而采用干法膨化的只需配置冷却器即可。喂料器和调质器一般由挤压膨化机自身配带。调质器性能的好坏对挤压膨化过程有很重要的作用，物料在调质器中与喷入的蒸汽和热水进行强烈搅拌，以达到增加水分、提高料温和软化物料的目的。物料在单层单轴调质器中停留的时间通常只有 15 ～ 20s，所以添加的蒸汽和水分不能太多，调质效果也较差。

现在采用的双轴异径差速调质器可获得 180s 左右的调质时间，添加的蒸汽和水分可以大大增加，水分能充分渗透到物料中去，使物料增湿、加温、变软，调质效果好。由于双轴异径差速调质器的调质性能更好，所以在制粒机生产水产饲料时，也已广泛应用。但要注意产量越高，调质时间越短。

二、双轴异径差速调质器

双轴异径差速调质器有两根并列的轴，轴上都装有桨叶。桨叶外径一大一小，两根轴的转速是不相同的。小轴转得快，其转速是大轴转速的两倍。所以称为双轴异径差速调质器。它具有超大的容积，以及合理的桨叶分布，物料充满系数高，同时多点进蒸汽，保证了蒸汽的均匀分布。这种调质器和双轴桨叶混合机类似，两轴的桨叶之间互有交叉，如果转速产生差错，会出现不同步现象，两轴的桨叶将发生碰撞而产生事故。为了保证桨叶的运动关系，两轴传动采用齿轮传动结构。传动原理：电动机通过 V 带带动小轴，小轴再通过齿轮传动带动大轴。双轴异径差速调质器不仅适用于膨化机调质，也适用于制粒机调质。双轴异径差速调质器结构示意图如图 9-4 所示。

湿法膨化后物料的水分高达 18% ～ 22%（物料最佳膨化水分为 27% 左右，膨化瞬间挥发的水分为 4% ～ 6%），必须经过烘干和冷却，才能降低水分和温度达到保存的目的，它采用的是卧式履带式环流烘干机，结构形式是多层（2～4

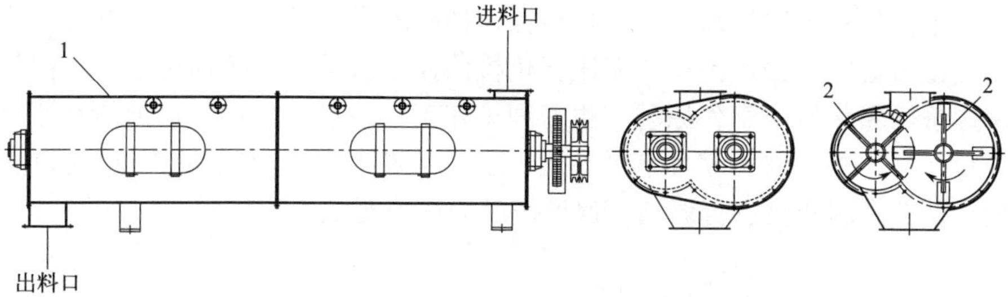

图9-4 双轴异径差速调质器结构示意图

1—机壳；2—转子

层）履带，物料在履带上一起向前运动，热风穿过料层对物料进行干燥，也可用冷风对物料进行冷却。烘干过程要以物料水分达到要求为准。

三、喷涂

由于挤压膨化生产过程中的高温、高压对物料中热敏性营养素的破坏相当严重，根据实际测定，产品中的维生素、酶制剂和微生物制剂通过挤压膨化后损失都非常大，为了减少上述营养物质的损失，保证产品质量和降低生产成本，将热敏性营养素放在挤压膨化之后再加到产品中去，这种工艺称为后喷涂（也称为后添加）技术。有些厂家把氨基酸、香味剂、防霉剂等也放入后添加的范围。后添加是指将上述物料溶于油脂或水成为液态，然后通过泵和管道及喷嘴产生压力形成喷雾状态喷到颗粒产品的表面。后喷涂有常压喷涂和真空喷涂两种方式。

常压喷涂在工艺和设备上都比较简单，但存在两个问题：一是添加量不能太多或太少，太多了吸收不了，太少时不易均匀；二是喷涂在颗粒表面的组分容易在包装及运输过程中因相互摩擦而剥离形成粉末，从而降低了颗粒中的含量，造成营养成分的损失和配方的失真。

真空喷涂比较好地解决了这两个问题，喷涂在产品表面的组分从真空恢复到常压过程中可以被大部分地吸入到颗粒内部的空隙中，从而大大地增加添加量，避免损失和浪费。但真空喷涂的配套设备多、操作复杂、价格高。

第三节 挤压膨化生产过程的控制和操作

挤压膨化机生产过程的控制和操作是饲料加工设备中最难的，因为影响挤压膨化产品质量的因素有很多，它们又相互影响。而且影响的结果并不能马上反映出来，具有一定的滞后性，如果操作稍有不当而又没有及时调整，将使生产无法正常进行下去。因此，挤压膨化机的操作人员一定要通过培训，他们必须掌握挤压膨化机的工作原理和生产理论知识，通过实际操作培训能对原料组成、喂料量、加水量、挤压腔的温度和压力及螺杆转速等变量进行直接控制，并能根据发生的变化进行调整，保证产品能达到要求的质量标准。

一、挤压膨化生产过程中的变量

挤压膨化生产过程中的变量有以下两大类。

1. 自变量

它们是由操作者给定，不会因其他参数的变化而发生变化的量。挤压过程中对产品具有直接影响的自变量包括以下几种。

（1）原料的组成。这是产品特性的关键变量，各种不同组分的物料，在挤压机中要求的参数和操作控制方式是不同的。所以认真地确定和精确地控制各组分的比例是非常重要的，有的组分添加量的变化虽小，但也会引起挤压过程发生巨大的改变。例如，脂肪含量对挤压效果的影响非常大，糖的含量变化很容易导致产品的褐变。所以生产用配方和工艺一经确定，操作者就必须严格按配方比例和要求来进行操作。

（2）水分。作为原料组分之一的水分在挤压过程中有着特别的作用，很多物质在挤压前的调质过程中或挤压过程中都要加入水分，水分增加，摩擦就减小，所以将它单独作为一个自变量来控制。给物料增加水分可以蒸汽态加入，也可以液态加入，加水量和加水位置都可以变化，水分的变化会很大程度地影响挤压时挤压腔内的压力和温度。

（3）螺杆转速。有的挤压膨化机螺杆转速在设计时已经确定，不能随意改变。但有的挤压膨化机特别是双螺杆挤压膨化机很多具有调速装置，操作者可以根据需要来调节和控制螺杆转速，给操作带来极大的方便。

（4）喂料量。这是必须控制的自变量，操作者要按工艺要求、质量、产量等情况严格控制喂料量。

（5）切刀速度。调节切刀速度用来达到和保证产品的形状要求。

2. 因变量

它是在操作过程中由于自变量发生变化而引起变化的量。挤压过程中的因变量包括以下几种。

（1）温度。挤压膨化机内物料的温度除受到外加热条件的影响外，还受到物料组分、水分、喂入量、机内物料摩擦、机械能转化成热能的多少和外部散热

（冷却）条件的影响。温度是一个重要的监控值，它可通过其他自变量的改变来调节。操作者必须严格控制好挤压温度的变化，不能超出一定的范围，否则产品的质量会发生质的变化。

（2）压力。挤压时的机内压力受螺杆特性、转速，物料的组分、水分、喂入量和物料流动特性，以及模板几何形状及开孔率的影响而变化。压力也是一个监控值，可以通过其他自变量的改变来调节，它与温度有一定的关系，温度越高，压力也越大。

（3）黏度。挤压物料在熔融状态时的流动性是很复杂的，其黏度随原料组分、水分、温度及剪切率等因素的变化而变化。黏度的变化既影响物料的流动性，也影响摩擦力，会引起温度和压力的变化。

（4）滞留时间。其由螺杆的几何尺寸和转速等因素决定。

在操作中需要掌握如何控制自变量来改变因变量，特别是控制好挤压过程中的温度和压力的恒定。因变量的变化有一个滞后的过程，所以在调整改变自变量时不能操之过急，要逐渐、缓慢地进行。

二、挤压膨化机的操作

1. 挤压膨化机生产前的检查

新机启用前或挤压膨化机运转结束后，均需拆下模头等零件内部进行清理。开机前要按生产产品的要求配置相应的螺杆、筒体和模头，并检查机器的各部分是否正常。

2. 挤压膨化机的启动

挤压膨化机与一般设备不同，不是一开车就能很快进入正常运行状态的，它需要 20 ～ 30min 的启动调整过程，一个非常熟练的优秀操作工也至少需要 15min 才能使挤压膨化机生产进入正常状态。在调试阶段生产的产品是不符合要求的废料，有的废料可以通过粉碎再回用，所以启动时间应尽可能短些，而连续生产时间应尽量长些。但根据实际经验，启动的时间不能过短，过短时不容易掌握好机器状态，很容易使机器在未达到正常状态就发生异常，以致被迫停机。

目前挤压膨化机的启动和停机都需要依赖操作者的经验。有外加热的机器在启动前应先加热，使筒体温度达到正常工作状态值。自热式挤压膨化机有时采用喷灯对筒体和模头进行预热以减少启动时间。另外，主机启动后应立即把物料送入挤压膨化机中，防止螺杆与筒体发生长时间的直接摩擦。但必须等到螺杆将物料向前推进充满筒体，并从模孔中挤出之后喂料量才能逐渐增加。喂料量以每隔 1 ～ 2min 少量缓慢地增加，同时相应调节加入蒸汽量，逐步达到最终产品要求的正常运行状态。从开机到正常运行这段过程叫启动过程，在未达到真正的平衡之前操作人员必须注意各参数的变化并及时加以调整，由于要达到热平衡需要一个较长的时间，操作工在调节温度、喂料量、转速等参数时要缓慢地逐步进行，切不可操之过急，因为它们的变化有一个滞后的过程。在达到预定要求时，还要观察产品的组织结构、口感等是否符合要求，检查并及时进行微调。

3. 稳定运行

由于挤压膨化机启动时间长，所以在稳定运行后连续生产的时间应尽量长些，以提高其实际生产量。当生产进入稳定运行状态后，并非达到绝对平衡状态，只是相对比较平稳，各种变化相对比较缓慢，所以操作工仍需经常注意观察各参数的变化。如果发现参数发生了变化，必须及时调整有关的自变量，以保证能在正常工作状态下继续稳定地工作。调整时切记不能进行快速、大幅度的调整，防止挤压膨化机出现工作状态失控，造成运行困难和被迫停机。

4. 故障处理

挤压膨化机操作工应是通过培训，掌握挤压膨化机结构、生产理论知识，并通过实际操作取得一定经验的素质较高的人，他们能对喂料量、加水量、预处理机的加入蒸汽量、筒体温度等进行直接控制，以及能根据变化进行调节，并保证产品达到要求的质量标准。然而尽管由这样熟练的人员进行操作，故障也还是时有发生。通常的工作故障是由自变量的变化引起的，如喂料量、加水量等，或者是尚未达到正常工作状态及热平衡状态。例如，一旦喂料斗中结拱，就会造成喂料量减少或断料，导致挤压膨化机工作波动；再如，物料组分在输送过程中离析或粒度发生变化都会影响机器的正常工作和产品质量。当发现传动功率迅速增加时，则可采取将喂料量稍微减少或加水量稍微增加的方法；当发现膨化率下降、膨化质量差时，可增加挤压温度或适当降低物料的含水量；当发现膨化过度时，可降低挤压温度或增加物料的含水量。

产品形状不规律大多是物料与水分混合不均匀或模孔设计布置不合理，造成各模孔处的压力不等，导致通过模孔的流速不同，致使切割出的产品形状不规则。要消除这种现象，必须使设计的模孔各处的压力和流速相同，原料加水混合均匀，否则很难避免。

一般在正常工作状态时，高温挤压过程产生的蒸汽不会从喂料口逸出。一旦蒸汽沿螺杆由进料口逸出，这种现象就称为“蒸汽反喷”。这种蒸汽流动干扰了螺旋槽内被挤压物料的前进，会造成短时间内出料减少或不出料。处理方法是冷却筒体，特别是降低出料端筒体的温度或增加喂料量，可能将这种现象中止，使机器逐渐恢复到正常运行状态。有时挤压膨化机加工条件发生急剧变化，为了避免机械损坏和造成难以清理的局面，需要采取果断且强烈的措施，最有效的方法是加大原料水分，因为原料干燥会引起阻塞或电动机过载，在这种情况下，操作人员宁可迅速加水也不能使机器阻塞。

5. 停机和清理

挤压膨化机停机与一般机器也不同。停机时先向物料中加入过量的水，或者用特配的高水分物料更换原来的物料，降低出料温度到 100℃以下，然后终止喂料，但挤压膨化机仍需继续低速运转直到模孔不出料为止。挤压膨化机停转后需拆下模头（操作者需佩戴隔热手套，并注意机体温度和机内压力，以免烫伤或伤人），最后低速启动螺杆，在敞开出料端的情况下将机筒内剩余物料全部排出为止。对于单螺杆挤压膨化机，由于其本身没有自洁能力，物料不可能自己排净，还必须分段拆下筒体和螺杆进行清理。

第四节 维修

根据不同型号和不同产品，维修的内容和时间也不同，这里提出以下几点。

（1）定期检查传动系统、润滑冷却系统的油位和密封情况，以保证传动箱的润滑和冷却效果，同时保证润滑油和物料两者的隔离，决不允许相互污染。

（2）螺杆与筒体在工作中随时都在发生磨损，这是不可避免的，当零件磨损后，生产能力下降，并会引起各参数的波动，影响挤压膨化机的使用。磨损后可采用堆焊的方法修补后再加工到要求尺寸，这种修复方法至多可用 3 ～ 5 次。

（3）模头的磨损表现在模孔尺寸变大，也会出现各模孔磨损程度不同的情况，磨损严重的模头无法修理，只能更换新模头。

（4）切割器的切刀磨损后会变钝，维修方法是换上新刀片，磨钝的刀片可以磨锐备用。

（5）备件。挤压膨化机要有足够的备件，以保证维修和更换的需要，特别是生产多种产品的挤压膨化机，备件数量更多，用以保证挤压膨化机在生产不同产品时不会因配件不足而无法生产。但过多的备件也会造成仓库的占用和资金的积压。

第 10 章　液体添加设备

第一节 液体添加基础知识

液体饲料成分是高能量、高营养的饲料品种，其用量较少，但所起作用很大。畜禽对液体饲料容易吸收，增重效果明显。液体饲料中含有油脂、糖蜜、氯化胆碱、蛋氨酸、水溶性和脂溶性维生素、尿素、抗生素、防腐剂和抗氧化剂等。液体饲料的添加方式是多样的，可以在混合机和制粒机的调质器或环模外添加，也可以在制成颗粒后采用外喷涂或真空喷涂设备添加（后喷涂技术）。油脂在高温（100℃）下可直接于混合机内添加，然后制粒，但油脂添加量不宜超过3%，超过后会使颗粒压不紧实，从而影响颗粒的质量。油脂添加量超过 3% 的部分需在制粒后添加。对于不耐高温的添加成分如维生素 C 等，也应在制粒后采用外喷涂方式添加。液体饲料成分大都具有一定的黏度，黏度大小与温度有关，有的黏度太大，会影响输送及雾化效果，所以需加温。通常用齿轮泵作为输送和雾化的动力。液体添加设备还需要配套储液罐、加温装置、齿轮泵、过滤器、计量器、管道、阀门、喷嘴及控制仪表等。由于油脂添加在饲料加工中应用最为广泛，下面就以油脂添加为主进行介绍。

油脂有动物油脂和植物油脂之分，油脂含热量高，有香味，适口性好。加油脂的饲料制粒后颗粒表面有光泽。幼猪、肉鸡饲料中添加油脂后增重效果显著，水产饲料既需要高能量，也需要添加油脂。

添加油脂有间隙式添加和连续式添加两种方式。

（1）在混合机内添加油脂属于间隙式添加，一般采用流量计和电磁阀来控制添加量。也可以配置一个液体秤或在配料秤上加一个小液体储罐来控制添加量。间隙式液体添加系统原理图如图 10-1 所示。

（2）在制粒机调质器内添加油脂，可在蒸汽加入口旁设置一个油脂添加口，也可在环模外添加油脂，即在罩壳上（切刀附近）加入 1 ～ 2 个油脂喷头，向刚制完粒被切刀切下的颗粒表面喷油脂，目的是达到最好的雾化效果，采用压缩空气雾化喷头效果最佳，这两种方式都是连续式添加模式。一般采用控制齿轮泵转速来控制添加量。但这两种方式的添加量都不能太多，一般在 0.5% ～ 2% 范围内。

（3）还有一种连续式添加液体的设备叫作糖蜜混合机，它是一种卧式单轴桨叶式混合机，主要用于添加油脂和糖蜜，是由进料口、机壳、转轴、桨叶、出料口和传动系统组成的。粉料从机壳一端的进料口进入，进料口旁设置液体添加口经桨叶搅拌和运输，到另一端的出口排出。这种混合机为了加强打击力度，转速不宜太低，一般桨叶的末端速度以 1.5 ～ 2.0m/s 为宜。为了加强物料的轴向混合能力，在不同的推进阶段可采用不同的桨叶夹角，这种混合机的液体添加量可以在 1% ～ 10% 范围内。在使用这类连续式混合机时，应该配用比较稳定的喂料设备，也可以在批量混合机中加入较大量液体后，再用桨叶连续混合机进一步混合。

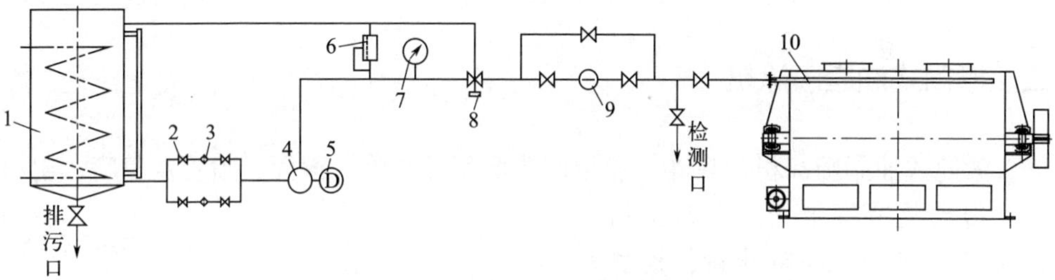

图10-1　间隙式液体添加系统原理图

1—自控加热油罐；2—内螺纹填料旋塞；3—过滤器；4—齿轮泵；5—电动机；
6—溢流阀；7—压力表；8—电磁阀；9—流量计；10—混合机

第二节 专用油脂添加设备

当油脂添加量大于 3% 时，就无法全部在制粒前添加了，超过 3% 的部分必须在制粒后采用专用油脂添加设备（俗称油脂喷涂机）对颗粒表面喷涂油脂来解决。喷油方式有连续式和间隙式两大类。连续式又有自流式油脂喷涂机和滚筒式油脂喷涂机两种，间隙式的是真空油脂喷涂机。

一、自流式油脂喷涂机

自流式油脂喷涂机由料斗、喂料器、喷射筒、分料锥、喷嘴及桨叶式螺旋输送绞龙等组成。自流式油脂喷涂机示意如图 10-2 所示。

颗粒经喂料器进入喷射筒，由分料盘将颗粒向圆周方向分散后自由落下，喷嘴安装在圆盘下面，对下落的颗粒进行喷涂，然后由桨叶式螺旋输送绞龙输送排出。在输送过程中有搅拌作用，颗粒表面相互接触，使油脂分布更加均匀。

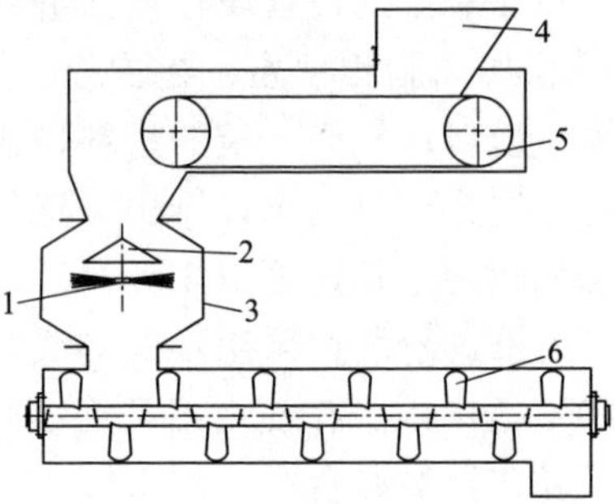

图10-2　自流式油脂喷涂机示意

1—喷嘴；2—分料锥；3—喷射筒；4—料斗；5—喂料器；6—桨叶式螺旋输送绞龙

二、滚筒式油脂喷涂机

滚筒式油脂喷涂机由料斗、流量调节器和导流管、滚筒、喷管及喷嘴、出料口、传动装置等组成。颗粒由料斗经流量调节器（控制流量、检测产量）和导流管（不添加喷油脂时可不进滚筒，通过旁路直接进入下道工序）进入滚筒。滚筒是向出口方向倾斜的，内部装有喷管及喷嘴，颗粒由滚筒进口向出口流通，由于滚筒是转动的，颗粒一面流动一面翻滚，同时接收喷向表面的油脂，最后由出料口排出。其最早是由瑞士布勒公司制造的，现在国内也有厂家制造。滚筒式油脂喷涂机结构示意图及外形如图10-3和图10-4所示。

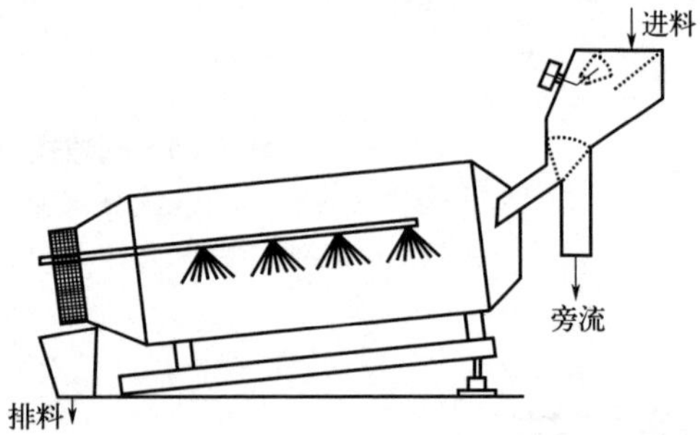

图10-3　滚筒式油脂喷涂机结构示意图

图10-4　滚筒式油脂喷涂机外形

三、真空油脂喷涂机

真空油脂喷涂机是一种间隙式油脂喷涂机，与常规的液体喷涂机相比，首先保证了液体喷涂的准确性和均匀性，在不影响产品质量稳定性的前提下，大幅度地增加了液体的添加量，其首先用于高能量的水产饲料生产。由于油脂深入颗粒内部，对水产饲料来说，在水中减少了油脂从颗粒内部析出，减少了油脂对水质的污染。另外，由于油脂留在颗粒内部，阻止了水分的进入，可以起到隔湿防潮的作用，保证了颗粒的干燥，有利于保存。真空油脂喷涂机工作时，每批颗粒进入混合腔后，真空泵将混合腔内的空气抽出，形成真空状态，在真空状态下对颗粒表面喷涂油脂。当喷涂结束并搅拌均匀后，由真空状态恢复至常压状态时，颗粒表面附着的油脂因受到大气压力而沿着颗粒的毛细管道深入到颗粒内部。真空油脂喷涂机特别适用于添加油脂和液体添加剂量较大的饲料品种，如膨化鱼料及膨化宠物料等，添加量一般可在 8% ～ 30% 范围内。

国外最早使用真空油脂喷涂机，这个系统就是喷油系统、混合系统和真空系统的组合。各国采用的混合机品种各不相同，有的采用双轴桨叶式混合机，也有的采用单轴桨叶式混合机，还有的采用锥形混合机，但是真空喷涂原理和操作都是一样的。真空油脂喷涂机外形如图 10-5 所示。

图10-5 真空油脂喷涂机外形

第 11 章　成品包装设备

成品包装设备用于饲料加工厂的打包工段，它是用来对粉料或颗粒料等饲料成品进行包装的设备。包装系统主要包括电子包装秤（包括喂料机构、称重斗、称重传感器、缓冲斗、夹袋机构、机架和控制仪表等）、缝包机和皮带输送机。电子包装秤又分为有斗和无斗两种形式。无斗秤是指包装秤没有秤斗，而是以包装袋代替秤斗。这种秤的结构形式简单，设备高度明显降低，适用于高度受到限制的打包工段，但与有斗包装秤相比，包装精度有所降低（因为包装袋的重量误差，影响了称量的精度），包装速度也较慢，所以应用较少。这里主要讲述的是有斗电子包装秤。

对包装秤的主要要求包括称量范围、称量精度和称量速度。

一般饲料厂要求的称量范围为 25 ～ 60kg。称量精度根据国家标准要求，静态精度≤ 0.1%FS，动态精度≤ 0.2%FS。包装速度与秤的结构、操作和调整有关，一般可达到 300 ～ 400 包 /h，有的还可以更高。如果采用双秤斗，包装秤速度可达 500 ～ 700 包 /h。

包装秤结构示意图及外表分别如图 11-1、图 11-2 所示。双秤斗包装秤结构示意如图 11-3 所示。

一、料仓

待包装料仓是包装秤必须配套的装备。料仓上应装有一个料位器，当料层达到料位器高度后，包装秤才能进入称重状态。这种控制能保持空中量的稳定。

二、喂料机构

喂料机构是保证称量精度的关键部件，一般采用先快加料后慢加料的方法来提高和保证称量精度。包装秤根据不同的物料可采用不同的喂料形式，其主要的喂料方式有三种：重力自流式、螺旋喂料式和皮带喂料式。

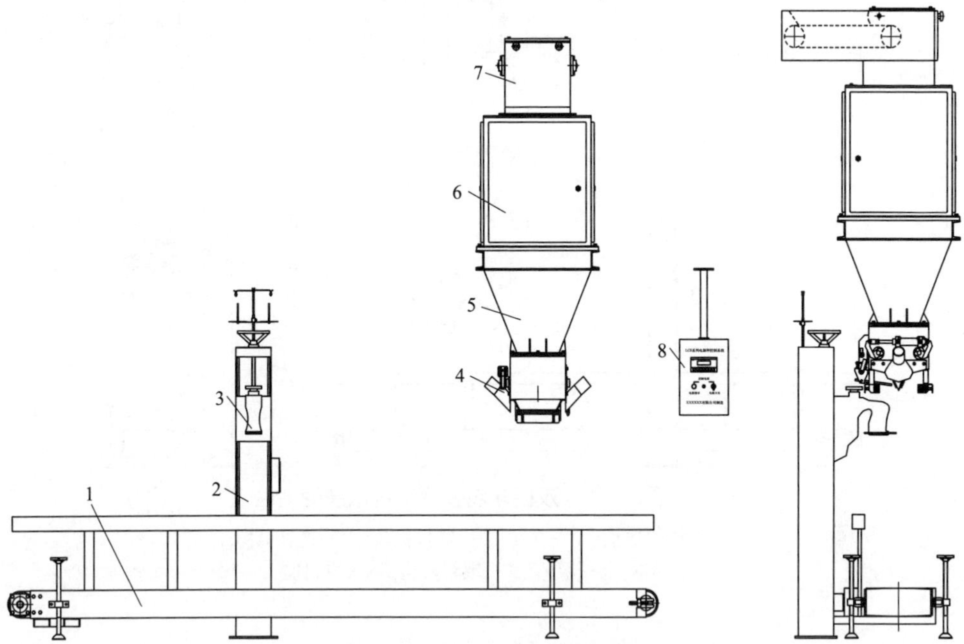

图11-1　包装秤结构示意图

1—皮带输送机；2—立柱；3—缝包机头；4—夹袋机构；
5—缓冲；6—秤体；7—喂料机构；8—控制仪表

图11-2　包装秤外形

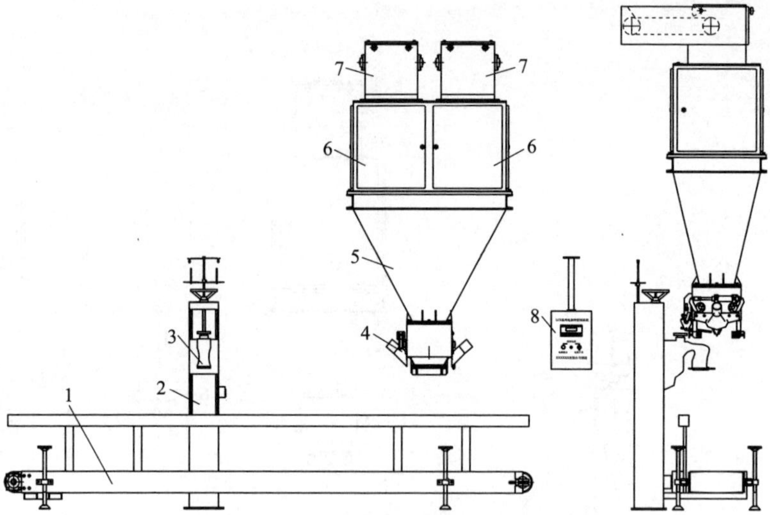

图11-3 双秤斗包装秤结构示意图

1—皮带输送机；2—立柱；3—缝包机头；4—夹袋机构；
5—缓冲；6—秤体；7—喂料机构；8—控制仪表

1. 重力自流式

它仅对流动性特别好的颗粒饲料适用。其下料口采用弧形闸门给料，通过大口和小口来实现快慢加料。这种喂料方式结构简单、价格低廉、称量精度也较差。

2. 螺旋喂料式

其采用大小喂料绞龙各一条，快加料时大小绞龙一起给料，慢加料时大绞龙停转，只用小绞龙给料。这种喂料方式适用于粉状饲料和面粉包装秤，对于颗粒饲料容易造成破碎而不能使用。

3. 皮带喂料式

其采用平带输送，既可用于颗粒料，也适用于粉状料。在饲料厂产品中既有粉状料又有颗粒料，所以采用这种方式喂料的最多。在皮带喂料器上部安装一个调节挡板，通过气缸控制挡板开度的大、小两挡位置，以实现快、慢加料过程。

三、称重斗

称重斗大多为方形，底部为气动双开门形式，排料迅速。称重斗通过称重传感器与机架连接，称重传感器的数量有 1 ～ 3 个不等，与传感器的种类和安装方式有关。

四、夹袋机构

夹袋机构采用双气缸夹袋方式，上部有缓冲斗，经精确称量的物料通过缓冲斗后迅速落入套在夹袋口的包装袋内。夹袋口为双层筒体，其中一层与外部风网相连，能通过吸风使袋内空气排出。装好料后夹袋机构松开，料袋由皮带输送机送走。

五、缝包机

缝包机由缝纫机头、机座和立柱三部分组成。缝纫机头由专业的工业缝纫机厂生产，它对装料后的包装袋上口进行缝合。缝纫机固定在机座上，它根据包装袋大小、高低等不同情况，位置可以在立柱上进行上下调整。

六、皮带输送机

皮带输送机安放在电子包装秤下方，装完料后的包装袋由皮带输送机向缝纫机方向输送，经过缝纫机缝口后，继续向前输送一段距离，再由下一道工序处理。有人工推小车搬运的，也有放在托板上由铲车运走的。

除了以上介绍的机构外，现在大型饲料厂自动化程度越来越高，采用全自动上袋机替代人工套袋和缝口，采用智能机器人码垛机替代人工堆包。采用铲车运输和堆放，大大地减少了用工人数，降低了用工成本。

第12章 饲料加工工艺

从单一品种的饲料原料通过一道道设备加工最后做成可以喂养的配合饲料成品的过程叫作饲料加工工艺。

饲料加工厂的工艺流程根据不同的产品及不同的习惯和爱好可以有不同的流程组合，但一般清理除杂工段总是放在前面，制粒工段或膨化工段总是放在后面。而在中间的粉碎工段、配料工段和混合工段主要有两种不同的组合方式。一种称为先粉碎后配料再混合工艺，另一种称为先配料后粉碎再混合工艺。前一种工艺在美国的饲料加工厂中大量采用。后一种工艺在欧洲的饲料加工厂中被普遍采用。中国饲料工业的发展最先受到美国的影响，所以也多采用先粉碎后配料再混合的工艺路线。

一、先粉碎后配料再混合工艺

先将各种需要粉碎的原料通过粉碎机逐一进行粉碎后分别进入各自的配料仓，再由配料秤按配方要求的配比分别进行计量。添加剂经稀释后进入添加剂料仓参加配料，或者由人工按每批饲料的需要量（配方的比例）直接投入配料秤或混合机中。配料后的物料送入混合机中进行充分的搅拌，当混合均匀度达到标准要求的指标后，即成为合格的粉状配合饲料。如果需要制成颗粒的，再进入制粒工段制粒。

先粉碎后配料工厂工艺流程如图 12-1 所示。

二、先配料后粉碎再混合工艺

首先将各种原料直接送入各自的配料仓，其次按每批配方要求的配比由配料秤进行配料，再次一起进入待粉碎仓逐步进行粉碎，最后进行混合。为了节省粉碎的时间和电耗，可在配料后增加一台分级筛，将粒度合格的物料筛出来不再经过粉碎而直接送入待混合仓中等待混合。

先配料后粉碎工厂工艺流程如图 12-2 所示。

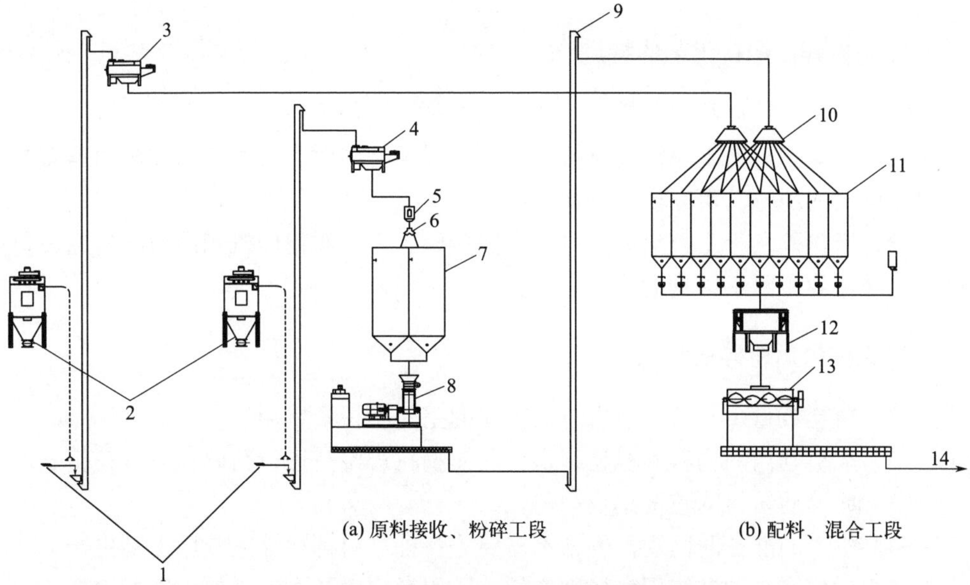

(a) 原料接收、粉碎工段　　(b) 配料、混合工段

图12-1　先粉碎后配料工厂工艺流程

1—原料；2—除尘系统；3—粉料清理筛；4—圆筒初清筛；5—永磁筒；6—三通；7—待粉碎仓；8—粉碎机；9—斗式提升机；10—旋转分配器；11—配料仓；12—配料秤；13—混合机；14—粉状饲料出口

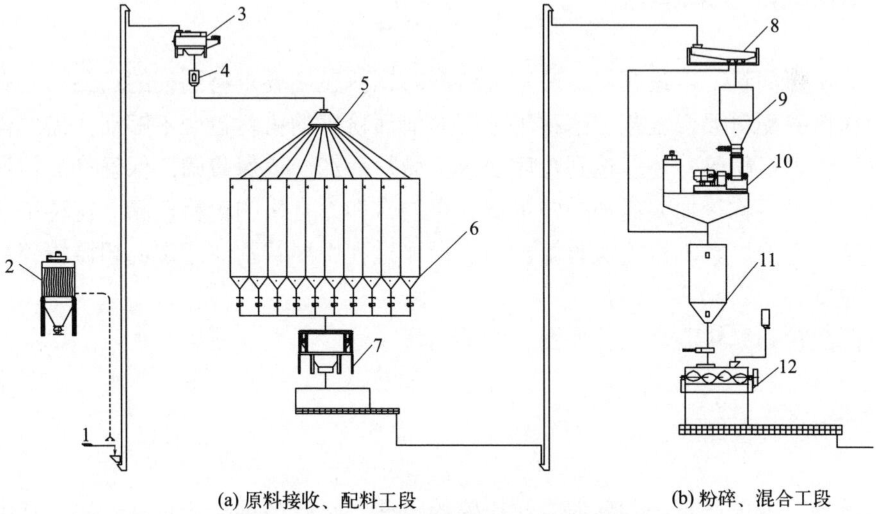

(a) 原料接收、配料工段　　(b) 粉碎、混合工段

图12-2　先配料后粉碎工厂工艺流程

1—原料；2—除尘系统；3—圆筒初清筛；4—永磁筒；5—旋转分配器；6—料仓；7—配料秤；8—分级筛；9—待粉碎仓；10—粉碎机；11—待混合仓；12—混合机

三、两种工艺的特点

1. 先粉碎后配料工艺的特点

（1）它是一种连续式的粉碎，喂料和控制系统都相对比较简单。

（2）粉碎和后道工序没有直接联系，可以不必同时进行生产。在电力紧张或夜间电价低的地方，可在夜间进行粉碎。

（3）当粉碎了一定数量后，可以暂停粉碎生产，对粉碎机和前面的各道设备进行维修保养，而不影响后面的生产。

2. 先配料后粉碎的特点

（1）料仓数量少，可以节省一些车间的空间和投资费用。

（2）配料仓内的物料不容易结拱，因为物料还没有进行粉碎，粒度较粗。

（3）粉碎后粉料的粒度比较均匀。

（4）生产的准备时间短，因为不需要等各种原料都粉碎完成后才能生产。

（5）对生产品种多的厂家特别方便，不用考虑哪种原料需要粉碎多少量。

（6）多种原料一起粉碎比单一原料粉碎容易，特别是对某些难粉碎的高脂肪、高水分原料更是如此。

四、两次粉碎配料混合工艺

对于虾饲料、甲鱼饲料、鳗鱼饲料等对饲料粒度要求特别细的产品，还有一种两次粉碎配料混合工艺。这种工艺因为前面粉碎的粉料粒度不够细，需要再次通过微粉碎机粉碎，才能达到粒度要求。微粉后加一道保险筛，保证产品粒度符合要求。最后称量加入添加剂并进行二次混合即为合格的粉料产品。这种工艺比较复杂，有的厂家不设置保险筛，但在操作过程中要特别注意掌握超微粉碎机的成品粒度。

两次粉碎配料混合工艺如图 12-3 所示。

五、二次粉碎工艺

粉碎工段还具有一种称为二次粉碎的工艺，它有多种工艺布置方法，其中一种是一台粉碎机和一台分级筛配套，这种工艺称为闭路粉碎工艺。粉碎机可采用较大筛孔的筛片，物料经粉碎机粉碎后，送入分级筛分级，筛上粗料重回粉碎机粉碎，细料进入下一道工序。

它的优点是产量高、能耗低，避免了粉碎机的过度粉碎，成品粒度均匀。对

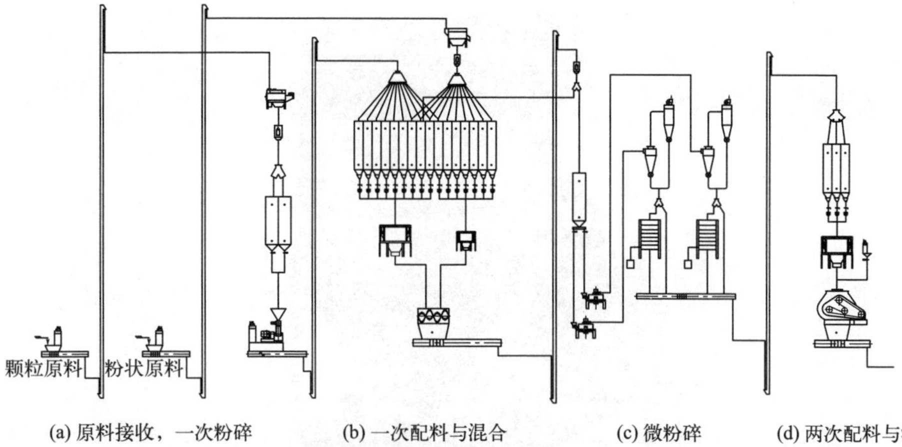

图12-3　两次粉碎配料混合工艺

于产量要求更高的，可采用二机一筛开路二次粉碎工艺或三机二筛开路二次粉碎工艺。开路二次粉碎工艺，还可以采用双层筛面，筛分出三种不同粒度的物料，供不同的配方使用。

二次粉碎工艺示意图如图 12-4 所示。

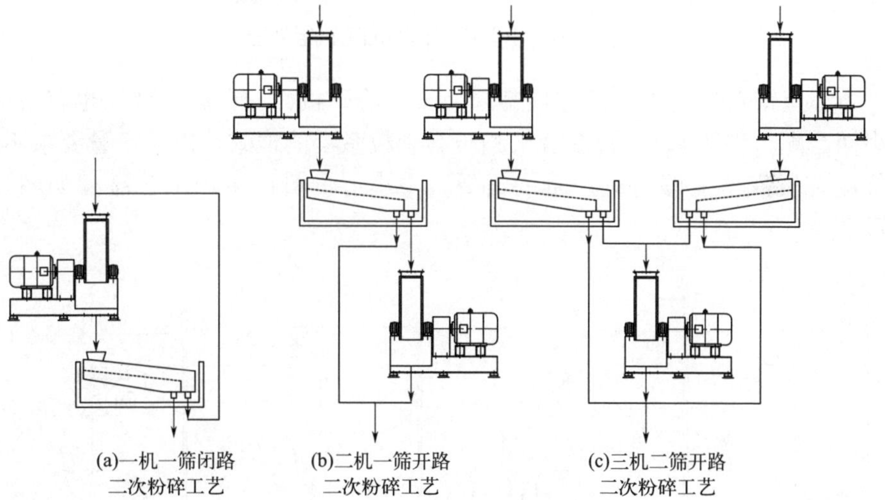

图12-4　二次粉碎工艺示意图

六、中小型饲料厂的加工工艺

最简单的小型粉状饲料加工机组可由一台小型自吸式粉碎机和一台立式混合机（或卧式混合机）组成，也可采用一台喂料机构（喂料斜绞龙）、一台小型粉碎机和一台立式混合机（或卧式混合机）组成，如图 12-5 所示。

图12-5 小型粉状饲料加工机组外形

中小型饲料厂的加工工艺通常采用一台粉碎机、一台配料秤（也有用一大一小两台配料秤的）、一台混合机和一套制粒系统的模式。由于产量要求不高，这样的配置完全能够适应产量的需要。中小型饲料厂生产工艺流程如图 12-6 所示。

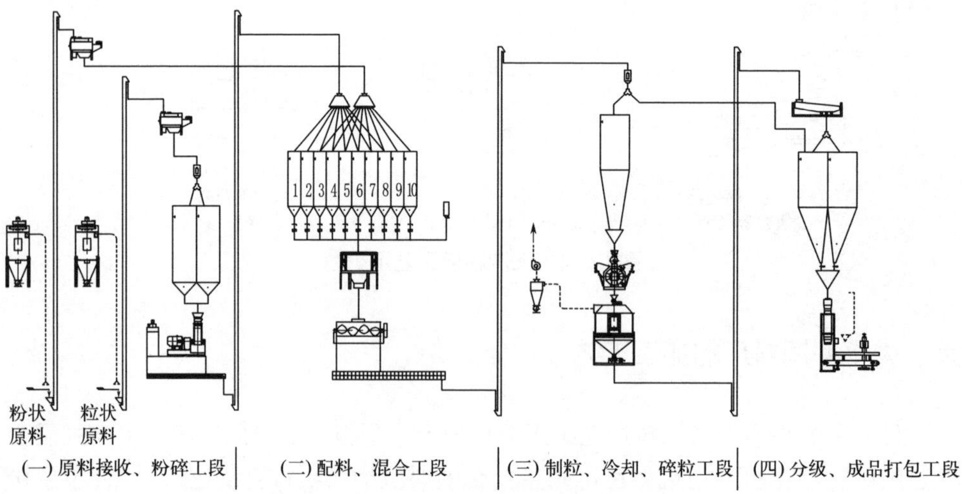

图12-6 中小型饲料厂生产工艺流程

七、大中型饲料厂的加工工艺

大中型饲料厂由于产量大，所以通常采用两台粉碎机、两台配料秤、一台混合机、一套或两套制粒系统的加工工艺模式。

两台粉碎机可采用一大一小或两台相同的粉碎机，它可以同时粉碎两种物料，缩短了生产准备时间。采用一大一小两台配料秤，大秤称为大料，小秤称为小料，这样可以提高配料秤的配料精度和缩短配料时间。两套制粒系统既可以同时生产一种规格的产品，也可以同时生产两种规格的产品，从而减少更换压模的次数和时间。现在混合机每批次的混合量最大的可达 8t，每小时的产量可在 100t 以上，所以一般一套配料、混合系统可以完全满足大中型饲料厂的生产需要。大中型饲料加工厂生产工艺流程如图 12-7 所示。

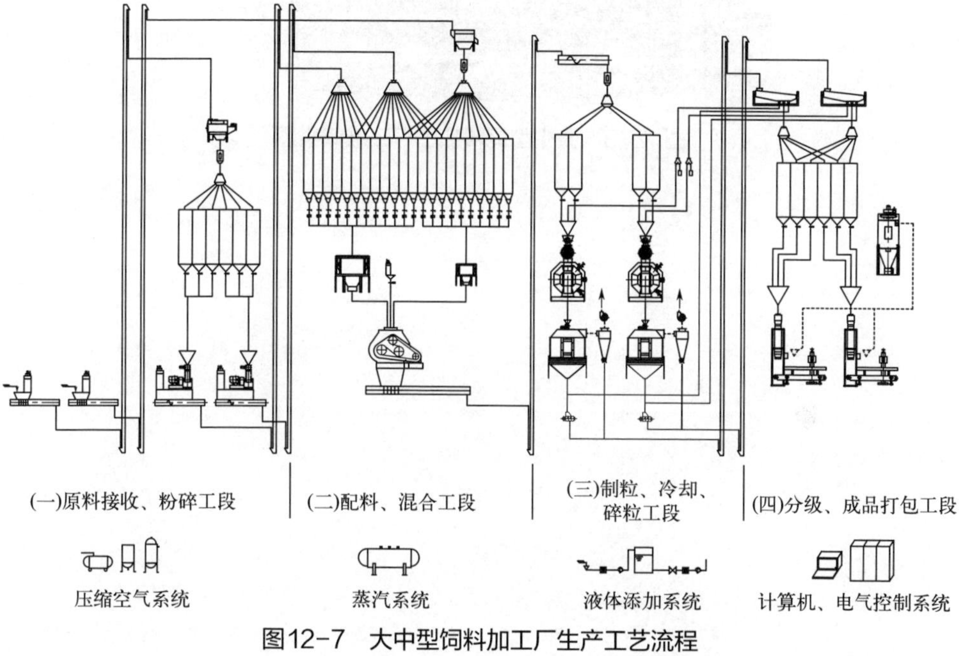

图12-7　大中型饲料加工厂生产工艺流程

大中型饲料厂一般采用地下一层、地上五层的建筑结构形式。地下室安装斗式提升机底座和相应水平输送设备等。地上一层安装原料进料口及除尘设备、粉碎机、混合机、颗粒冷却器、包装秤等设备。二层安装配料绞龙、配料秤、制粒机等设备。三层为各种料仓（待粉碎仓、配料仓、待制粒仓、成品仓等）。四层为分配层，安装有旋转分配器、三通等设备。五层为顶层，安装有圆筒初清筛、永磁筒、粉料清理筛、颗粒分级筛和斗式提升机机头。电动机控制室通常放在二层。

大中型饲料加工厂三维效果图如图 12-8 所示。

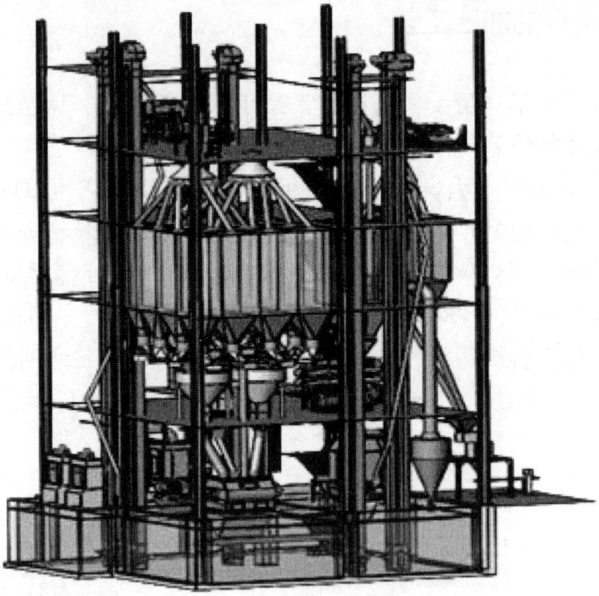

图12-8　大中型饲料加工厂三维效果图

第13章 自动控制技术

饲料生产过程中的每一个环节都离不开控制系统，饲料工程的自动控制包含整个系统的自动控制和每个工序、工段的自动控制及单机设备的自动控制。饲料厂的自动控制技术和其他行业的控制原理是相同的，都是由各个电气元件配合实现控制设备的目的。但是饲料厂的自动控制又有其自身的特点：根据用户工艺特点和要求，采用集中和分散相结合的控制方式；中央控制室采用模拟屏显示系统设备的工作状态；强电柜采用标准单元柜分工段组装；进料口、添加口、制粒机等采用现场控制；配料和混合工段采用计算机智能 PLC（可编程逻辑控制器）控制；等等。这种设计使人机对话更直观、方便，可降低故障率，提高系统精度和可靠性。

饲料厂工作流程一般包括储存工段、进料工段、粉碎工段、配料混合工段、制粒冷却工段、成品打包工段等。饲料厂电气系统是多电路单独拖动有关电气设备，相互之间采用联锁、顺序控制及必要的信号和保护环节，并具有故障诊断和报警功能。一定要逆序启动（从后向前逐台设备启动）而顺序停止（从前向后逐台设备停止），从而保证设备的正常工作和节约电能。

饲料加工生产线工艺流程如图 13-1 所示。所用的现场电气设备主要有电动机、气缸、电磁阀、磁性开关、行程开关、料位器、称重传感器等。各种设备的运转依靠电动机拖动，气动闸门和气动三通依靠电磁阀、气缸进行导向控制，以及依靠磁性开关（或行程开关）实现对气缸位置的反馈，料仓中每一种物料的空仓或满仓都依靠料位器来测量。料位器有电容式和阻旋式之分，它们的工作原理不同，作用都是反馈料仓内物料的情况，并且料仓如果满仓，能自动报警提醒操作人员停止进料设备。饲料厂自动控制技术的核心是自动配料，实现自动配料最基本的设备是配料秤，称重传感器和称重仪表配合实现物料重量计量的作用。

一、投料及初清工段

粒料工作流程：气动三通（选择粉碎仓）→初清筛→提升机→风机→投料。

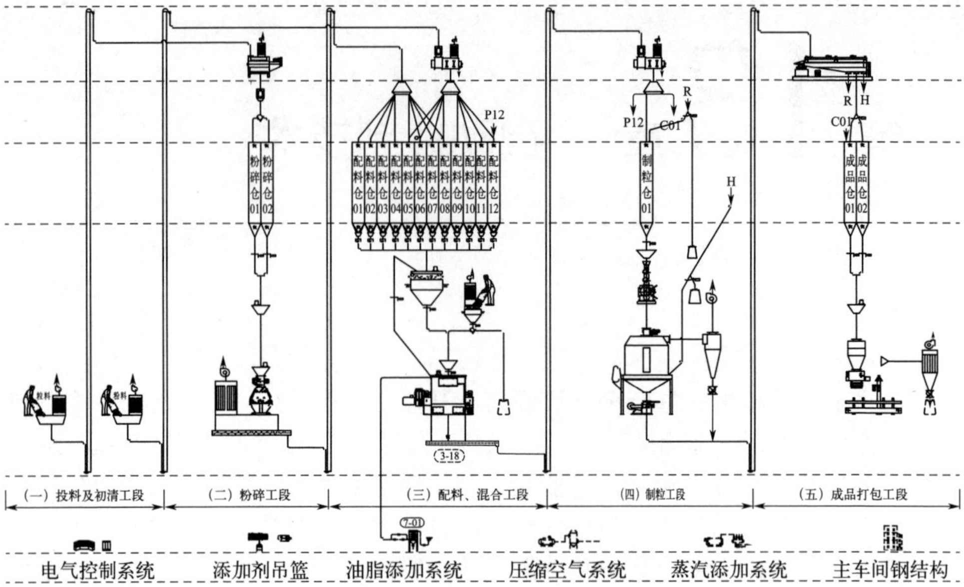

图13-1　饲料加工生产线工艺流程

粉料工作流程：旋转分配器（选择配料仓）→粉料筛→提升机→风机→投料。

在正常工作情况下，先开初清筛（粉料筛），然后开提升机，如果初清筛（粉料筛）没有启动，则提升机无法启动，这样操作时能防止误操作而引起流程中的某一环节出现堵塞。全部开启后，若某台设备因发生故障而停机，则其前面设备能自动停机，以防故障范围进一步扩大。另外，每台联锁设备配有单机和联动旋钮，打到单机时，各设备启动不受其他设备的影响，有利于调试或应急生产。

二、粉碎工段

工作时使旋转分配器的下料口指向给定配料仓，按顺序开启提升机→闭风绞龙→风机→粉碎机，待粉碎机进入正常运行以后，开启喂料器并同时调节，观察粉碎机电流使粉碎机处于最佳状态。

三、配料、混合工段

当配料仓中各种料准备就绪，油脂添加系统抽满油，就可以开启配料、混合工段了。此工段与前工段相似。调节气动四通选择合适的料仓，依次启动提升机→刮板机→混合机→开始配料。混合时间、混合门开关时间、间接报警等功能由计算机配料控制系统控制。

四、制粒、冷却工段

当混合两批料后，制粒仓已可以连续不断地给料制粒了，可以开启制粒、冷却工段。在正常工作情况下，各电动机处于联动状态，这时设备开启顺序为气动三通→分级筛→提升机→冷却器→冷却风机→关风器→制粒机→调质器→喂料器。制粒工段是饲料厂工艺设备中的关键工段，由于制粒机启动频繁，经常更换环模、压辊，因此需设置现场控制箱。冷却器配置有自动和手动旋钮，打到自动旋钮时，冷却器靠料位器控制排料；打到手动排料时，直接排料。由于换料时，冷却器需要排净残留物料，现场需要配置现场控制箱，以方便操作。

五、成品、打包工段

当成品仓中充满料后就可以开启打包秤进行打包作业了。打包工段是指气动元件与称重模块配合完成工作的工段。具体操作可以查看包装秤说明书。

六、其他辅助工段

其他辅助工段包括脉冲除尘器、空压机、干燥机等。脉冲控制仪是脉冲除尘器的主要控制设备，通过其输出的脉冲信号依次控制电磁阀的开启，使压缩空气对滤袋依次进行循环喷吹，从而达到清灰目的，保证除尘器的效率。脉冲控制仪输出脉冲间隔、脉冲宽度等信号并可以随意调节。

自动配料系统原理如图 13-2 所示。相关系统界面如图 13-3 ～图 13-6 所示。

整个系统采用集散型结构，开放性好、易于扩展、性能稳定可靠。结构模式：上位计算机 + PLC 系统 + 配料控制仪表 + 变频器 + 组态软件，各部分设备的连接采用 RS485 现场总线控制，结构简单、可靠。上位机组态软件将操作人员的指令通过格式转化后传给 PLC，由 PLC 控制现场设备（仪表及配料秤）来实现操作人员的意图。同样，指令执行结果，也是先由现场设备（仪表及配料秤）传送给 PLC，再由 PLC 将数据传送到上位机，再由上位机转化成操作人员能够明白的表现形式（人机界面）。

一个完整的自动配料系统应该具有以下特点。

（1）全中文的操作方式，画面生动、美观，操作简单方便、直观易懂、易学。

（2）可扩展性好，能根据现场情况方便地更改程序和界面，满足不同客户的使用需求。

（3）具有方便的物料和配方添加及编辑功能，具有快慢速度调整功能，保证配料精度。

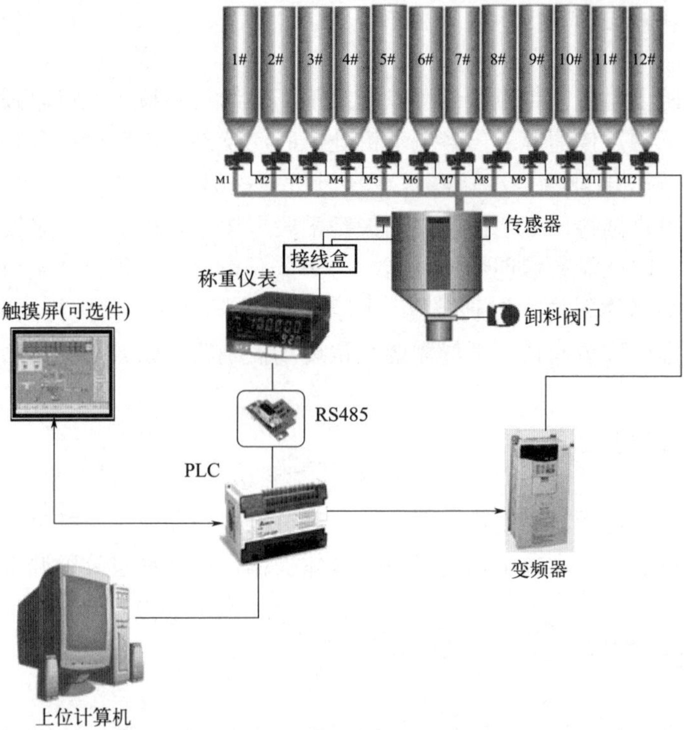

图13-2　自动配料系统原理

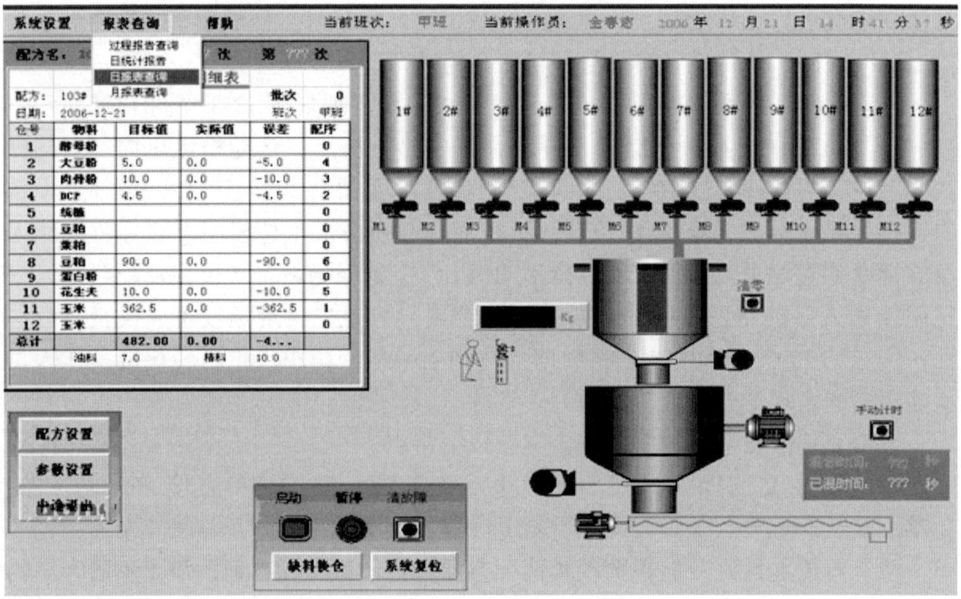

图 13-3　人机界面

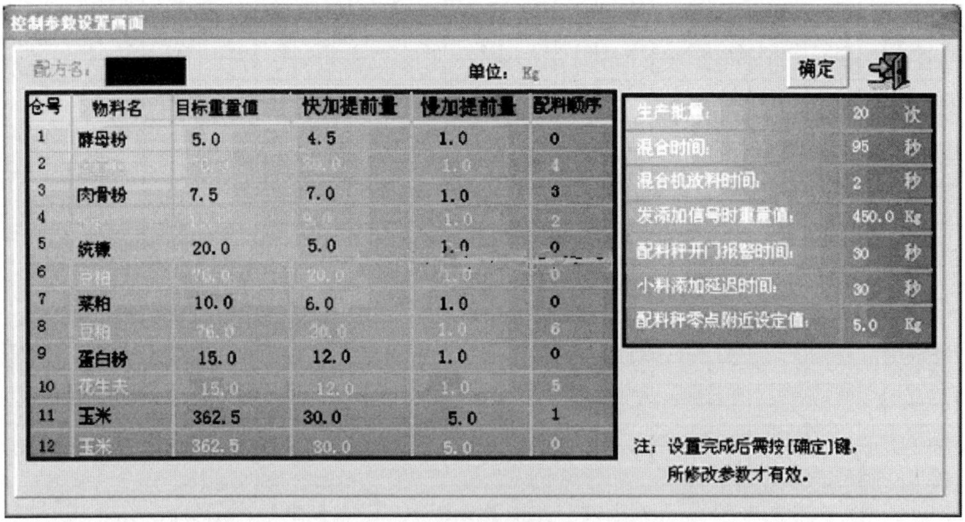

图13-4　配料系统参数设置界面

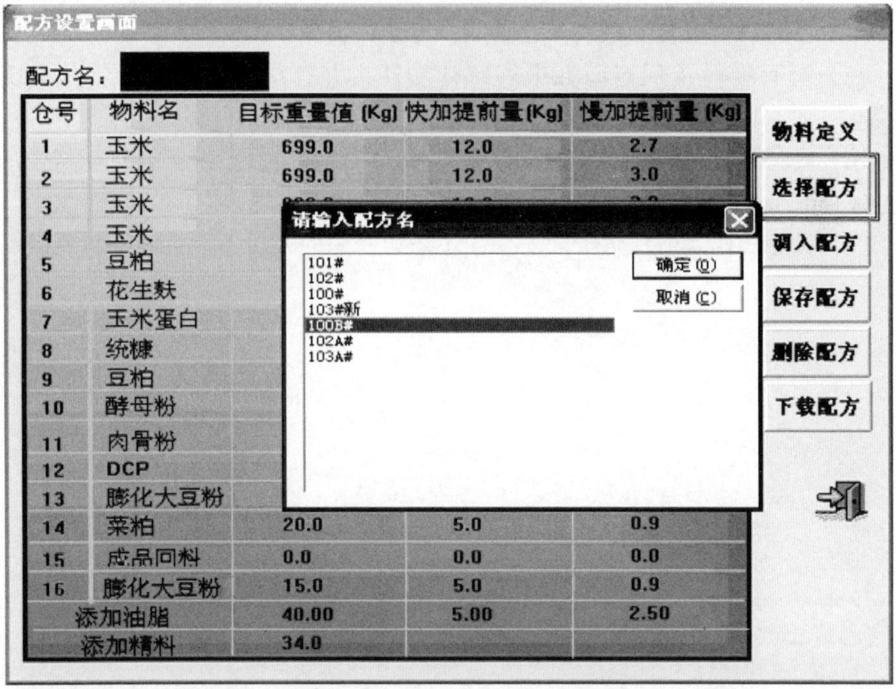

图13-5　物料及配方设置界面

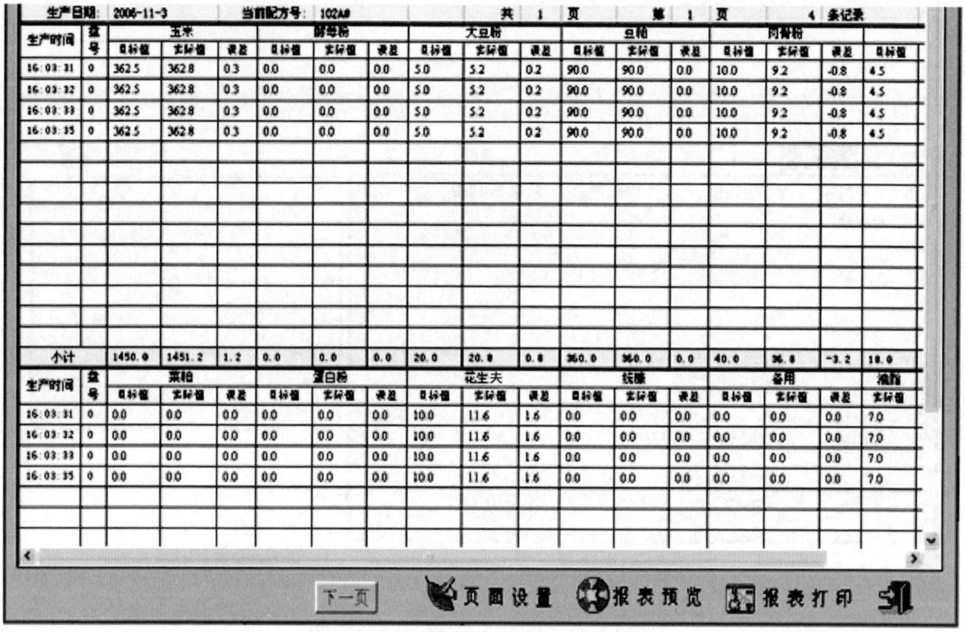

生产日期:	2006-11-3	当前配方号:	102A#	共	1	页	第	1	页	4	条记录

生产时间	盘号	玉米			酵母粉			大豆粉			豆粕			肉骨粉			
		目标值	实际值	误差	目标值	实际值	误差	目标值	实际值	误差	目标值	实际值	误差	目标值	实际值	误差	目标值
16:03:31	0	362.5	362.8	0.3	0.0	0.0	0.0	5.0	5.2	0.2	90.0	90.0	0.0	10.0	9.2	-0.8	4.5
16:03:32	0	362.5	362.8	0.3	0.0	0.0	0.0	5.0	5.2	0.2	90.0	90.0	0.0	10.0	9.2	-0.8	4.5
16:03:33	0	362.5	362.8	0.3	0.0	0.0	0.0	5.0	5.2	0.2	90.0	90.0	0.0	10.0	9.2	-0.8	4.5
16:03:35	0	362.5	362.8	0.3	0.0	0.0	0.0	5.0	5.2	0.2	90.0	90.0	0.0	10.0	9.2	-0.8	4.5
小计		1450.0	1451.2	1.2	0.0	0.0	0.0	20.0	20.8	0.8	360.0	360.0	0.0	40.0	36.8	-3.2	18.0

生产时间	盘号	菜粕			蛋白粉			花生夫			[illegible]			备用			油脂
		目标值	实际值	误差	目标值	实际值	误差	目标值	实际值	误差	目标值	实际值	误差	目标值	实际值	误差	实际值
16:03:31	0	0.0	0.0	0.0	0.0	0.0	0.0	10.0	11.6	1.6	0.0	0.0	0.0	0.0	0.0	0.0	7.0
16:03:32	0	0.0	0.0	0.0	0.0	0.0	0.0	10.0	11.6	1.6	0.0	0.0	0.0	0.0	0.0	0.0	7.0
16:03:33	0	0.0	0.0	0.0	0.0	0.0	0.0	10.0	11.6	1.6	0.0	0.0	0.0	0.0	0.0	0.0	7.0
16:03:35	0	0.0	0.0	0.0	0.0	0.0	0.0	10.0	11.6	1.6	0.0	0.0	0.0	0.0	0.0	0.0	7.0

图13-6 配方统计及物料统计报表

（4）具有缺料报警及在线换仓功能，方便人员操作。

（5）具有物料及配方消耗报表统计功能，并有班、日、月、年分类统计功能。

（6）具有断电保护功能，无论什么情况下突然断电，系统都能自动将生产各数据保存下来。

（7）具有操作人员权限管理功能，不知道密码的人员不能打开配料系统。

第 14 章 噪声防治、除尘与安全生产

饲料厂的环境保护和安全生产是饲料厂生产中必须关注的问题。生产时产生的噪声、粉尘，以及可能引起的粉尘爆炸，对环境污染和人身的危害极大，因此在饲料厂建设和生产管理中，必须采用有效的措施使其危害降低到最小程度，以保证生产的正常进行和人员的身体健康。

第一节 噪声防治

饲料厂中的很多机械设备转速高、功率大，所以产生的噪声也很大。例如，粉碎机、制粒机、离心风机、空气压缩机及颗粒料在溜管中下落的撞击过程，都会产生很大的噪声，一般在 90dB 以上，最高可达到 110dB。超过了人们的承受能力，会使人感到刺耳难受、烦躁不安，久之会使人听觉迟钝，导致噪声性耳聋，并引起神经和心血管的多种疾病，同时导致劳动生产率降低及故障的发生。

降低噪声的措施主要包括以下几种。

（1）在粉碎机和离心风机底座下面安装减振器。

（2）粉碎机和空气压缩机分别用小房间隔离。

（3）离心风机出口安装消声器，风机之间采用软连接以起到隔振作用。

（4）部分溜管（高噪声处）内衬垫软质耐磨材料（如尼龙衬板），外包隔声材料。

（5）工人佩戴耳塞。

以上方法都能有效地降低和防治噪声的危害。

第二节
除尘

粉尘也是饲料厂污染治理的重点。粉尘不但会造成环境污染，还会影响人的身体健康，人们长期吸入过多的灰尘会引起鼻腔、咽喉、眼睛、气管和支气管等部位的黏膜发炎。粉尘越细，在空中停留的时间越长，被吸入的机会就越多，对肺组织的纤维化作用越明显，是造成肺尘埃沉着病的直接原因。粉尘还能加速机械的磨损，影响机械设备的寿命。粉尘散落在电子设备上有可能破坏绝缘或阻碍散热，造成事故。粉尘扩散还会造成周围环境的污染。

饲料厂的原料含有很多的细粉，在加工过程中会产生更多细粉，饲料厂防治粉尘污染的办法是以“密封为主，吸风为辅”，即采用密封和负压的办法，将粉尘密封在设备和管道中，不让它扩散出来。另外，对外露的投料口设置吸尘罩，以防粉尘扩散。对于风送或吸风带走的粉尘，通常采用离心除尘器（俗称沙克龙）和布袋滤尘器来过滤空气回收粉尘。

一、风送除尘风网

风送风网与风送除尘风网都是由吸口（吸尘罩）、风管、旋风分离器（又称离心除尘器或沙克龙）、关风器、脉冲布袋滤尘器、离心风机和消声器等组成的。

风送时输送的物料较多，所以必须配有离心除尘器，先将物料分离出来，然后含尘空气经过脉冲布袋滤尘器过滤后排入大气。除尘风网由于含尘浓度不是很高，可以不设离心除尘器，直接将含尘空气送入脉冲布袋滤尘器过滤。还有一种最简单的组合方式，即将脉冲除尘器和风机直接安装在吸尘罩上，这种方式一般使用在投料口处。除尘风网示意图如图 14-1 所示，风送风网示意图如图 14-2 所示。

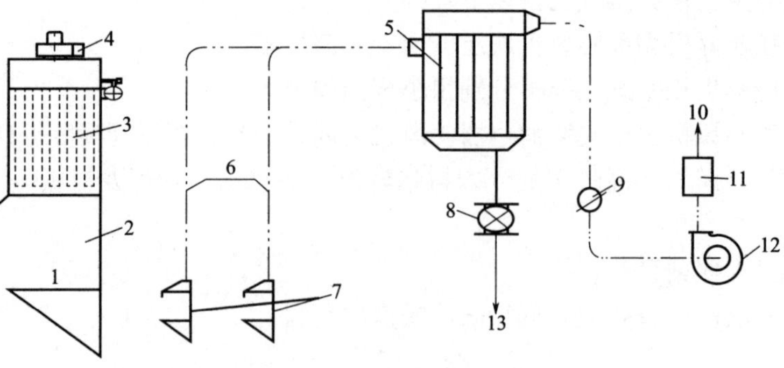

图14-1 风送除尘风网示意

1—投料口；2—吸尘罩；3—脉冲除尘器；4, 12—风机；5—脉冲布袋滤尘器；6—风管；7—投料口和吸尘罩；8—关风器；9—蝶阀；10—排出的空气；11—消声器；13—回收的粉尘

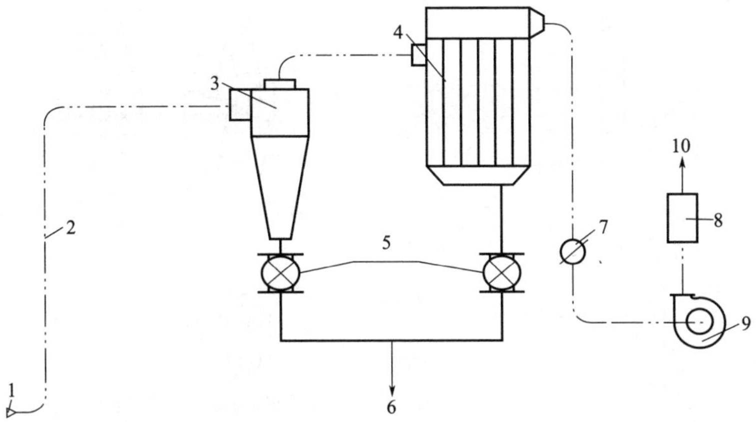

图14-2 风送风网示意

1—吸口；2—风管；3—离心除尘器（沙克龙）；4—脉冲布袋滤尘器；5—关风器；6—回收的粉尘或物料；7—蝶阀；8—消声器；9—离心风机；10—排出的空气

二、离心除尘器

离心除尘器是风网中用得最多的卸料装置，它利用离心力和摩擦作用使物料和空气分离。带料的空气以一定的速度进入离心除尘器，物料受离心力的作用与圆筒壁产生摩擦，从而降低运动速度，由倒锥体下落至下口排出，空气由上部中间的出风管排出。离心除尘器有45型、55型、60型等多种规格，它们的效率和阻力系数是不同的，最常用的是55型。一般常用的55型离心除尘器的直径D=250～1000mm，进口风速为10～18m/s，风速越大，除尘效率越高，但阻力也越大。离心除尘器的除尘效率一般为95%左右，但对粒度极细的粉尘，除尘效率会有所下降。55型离心除尘器结构尺寸关系如图14-3所示。在制粒系统的冷却风网中，由于是热风，又含有一定量的水蒸气，所以一般不能使用脉冲布袋滤尘器。这时，在处理风量很大时，可以制作直径更大的离心除尘器。在风送时，较大的离心除尘器高度太高，可以采用两个或四个较小的离心除尘器并联使用，以降低高度及便于空间的利用。

三、脉冲布袋滤尘器

脉冲布袋滤尘器对较细的粉末也有极好的过滤和回收作用，除尘效率可达到99.5%以上。脉冲布袋滤尘器的工作原理是当含尘气流由滤尘器中部或底部箱体进入滤尘室时，由于风速降低，较大尘粒向下沉降，较细尘粒随气流一起奔向布袋，由于布袋的过滤作用，粉尘则被阻滞吸附在滤袋外层，净化后的空气穿过布袋后向上进入上箱体。当尘粒吸附在滤袋外层达到一定厚度时，用压缩空气定时

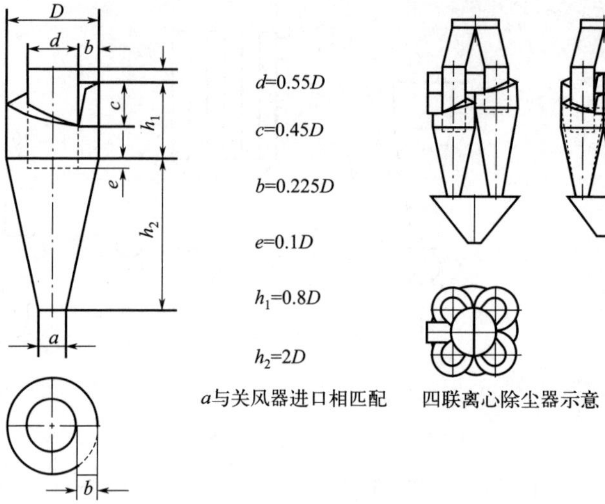

图14-3　55型离心除尘器结构尺寸关系

对滤袋进行反向喷吹，使布袋产生一个很大的振荡，粉尘振落后与较大的尘粒一起从底部排走。净化后的空气从上箱体经过风机排入大气。

脉冲布袋滤尘器分为高压脉冲和低压脉冲两大类、高压脉冲是利用空气压缩机产生的高压空气对布袋进行喷吹的；低压脉冲是利用自带的高压离心风机（风压比压缩空气小很多）产生的气流对布袋进行喷吹的（喷吹的气流较大，时间较长）。在饲料加工厂中气动设备应用很多，一般都配有空气压缩机，因此采用的都是高压脉冲布袋滤尘器。只有在不配用空气压缩机的场合，才采用低压脉冲布袋滤尘器。脉冲布袋滤尘器根据布袋的形状，可分为圆布袋和扁布袋两种形式。扁布袋大多用于过滤面积较小、高度较低的脉冲滤尘器。圆布袋脉冲滤尘器根据设备外形，又分为圆形和方形两种形式。脉冲布袋滤尘器结构示意图如图 14-4 所示。图 14-5 所示为圆形与方形脉冲滤尘器外形。

脉冲布袋滤尘器处理的风量大小，与布袋过滤面积的大小和过滤风速有关，一般过滤风速要求在 1 ～ 6m/s 范围内，过滤风速越低，除尘效率越高，阻力也越小。通常使用 2 ～ 3m/s 的过滤风速。过滤风速过低，处理相同风量时，设备的体积将会增大很多。脉冲布袋滤尘器喷吹系统示意图如图 14-6 所示。

脉冲布袋滤尘器喷吹系统由脉冲控制仪、储气罐、电磁阀、喷嘴、文氏管等组成。脉冲控制仪控制电磁阀开启的时间和长短，当脉冲控制仪依次发出对各相应电磁阀开启的信号时，该电磁阀开启，储气罐中的压缩空气通过电磁阀和管道由喷嘴喷出，高速气流在文氏管中产生负压，会带动周围的空气一起冲入布袋，对布袋产生一个强烈的振荡，将附着在布袋上的粉尘全部抖落。

脉冲控制仪输出的脉冲间隔在 3 ～ 90s 范围内可调，输出的脉冲宽度（即电磁阀打开的时间长短）在 0.1 ～ 0.5s 范围内可调，根据脉冲布袋滤尘器布袋数量

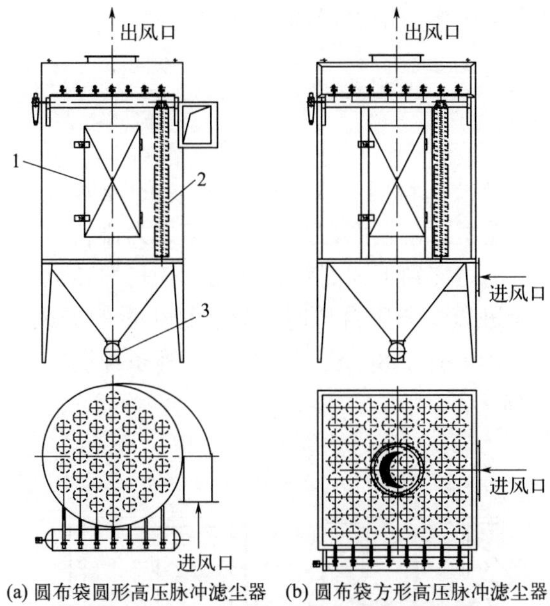

图14-4　脉冲布袋滤尘器结构示意图

1—检修口；2—滤袋；3—泄灰阀

图14-5　圆形与方形脉冲滤尘器外形

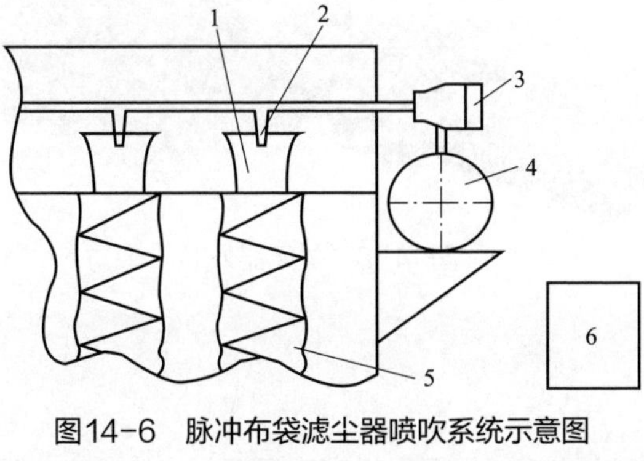

图14-6　脉冲布袋滤尘器喷吹系统示意图

1—文氏管；2—喷嘴；3—电磁阀；4—储气罐；5—布袋；6—脉冲控制仪

的多少和空气中含尘浓度多少来进行调节。

四、关风器

关风器也称为旋转式卸料器（或供料器）。它的壳体内水平安装一个圆柱形叶轮，壳体两端用端盖密封，上部为进料口，下部为排料口。工作时，物料由进料口落入格室内，当格室转到下面时物料卸出。关风器在风网中起到单向阀的作用，只能排料，不能进风（选用合适时，只有极少量的进风）。关风器的规格用其容积来表示，一般有 1.6、2.8、5、7、9（L）等多种规格。关风器结构及外形分别如图 14-7、图 14-8 所示。

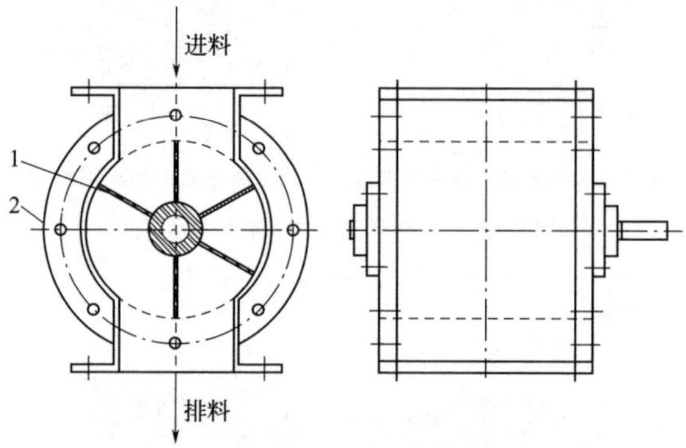

图14-7　关风器结构

1—叶轮；2—外壳

图14-8　关风器外形

五、风机

风机是风网的动力来源，根据风机产生风压的大小，离心风机有低压（压力小于 1kPa）、中压（1 ～ 3kPa）和高压（3 ～ 15kPa）之分。风机的选用主要取决于风网，要根据风网风量要求和阻力大小来选定风机的型号与规格。通风除尘一般选用低、中压风机，气力输送需选用中、高压风机。风机由专业的风机制造厂制造。

第三节 安全生产

安全生产非常重要。饲料厂最容易产生的事故包括操作安全、电气安全、粉尘爆炸。

一、操作安全

如果不注意操作安全，可能会引起设备安全事故或人身安全事故，造成设备的损坏或人员的伤亡。所以，应对各工种的操作人员进行培训，让他们了解设备的性能和操作要点，经考试合格后，方能上岗操作。在设备运转时，操作人员绝对不能直接触摸设备的转动（或运动）部位，不得打开操作门、防护罩，必须等设备完全停止转动，切断电源后才能开启这些部位。设备开车前必须以铃声通知在场的所有人员注意安全。设备的清理和清洁工作应在每班停车后及时进行。开车前也应检查各设备的状态和情况有无异常。提升机皮带、传动机构的皮带要经常检查其张紧程度并及时调整，否则会造成打滑、发热、磨断或发生火灾。

二、电气安全

饲料厂采用的电气控制柜和电气元件，选用和安装均应符合国家有关标准的要求，并要特别注意生产过程中设备不过载、电气元件不过热。要防止厂区的鼠害，老鼠不但会偷吃饲料和原料，还可能传播疾病。老鼠如果将电缆或电线外层保护套咬坏，就会引起电流短路，造成电气设备的损坏，甚至引起火灾。饲料厂的火灾往往是由于厂区内有人吸烟、检修时电焊或气割产生明火、鼠害和电气故障等引起的。

三、粉尘爆炸

饲料厂、面粉厂、粮食仓库等场合由于生产过程中粉尘浓度相对较大，如遇明火，都有可能发生粉尘爆炸。粉尘爆炸具有相当大的破坏力，强大的冲击波不仅可以破坏厂房建筑和设备，还会引起火灾、造成人员伤亡及财产损失，因此饲料厂对粉尘爆炸不能掉以轻心、等闲视之。

粉尘为什么会发生爆炸呢？这是由于悬浮在空气中的可燃粉尘遇到明火迅速燃烧形成高压造成的。粉尘是固体物质的微小颗粒，它的表面积与同样重量的块状物质比较要大得多（可大到几千倍甚至上万倍）。如果悬浮在空气中的粉尘达到了一定的浓度，便形成可爆炸性混合物，一旦遇到火种，就可能发生爆炸，所以必须采取严格措施认真防范。

在车间仓库内严禁吸烟及明火作业，要定期检查电气线路，避免电气短路以杜绝火源。各饲料厂必须建立并严格执行管理制度和安全操作规程，以防止各类事故的发生。国内饲料厂也曾有过数起粉尘爆炸事故发生。例如，某厂边生产边检修，引起粉尘爆炸，造成一人死亡、多人受伤；某停产小厂在拆除内部设备时，由于没有清除积尘，动用气割时火星引起粉尘飞扬，产生粉尘爆炸，造成多人烧伤。

饲料厂内设备检修或改造时，需要动用明火的，必须首先停产，然后进行清扫、覆盖，切断有关管道，以及采取其他相应安全措施，并须报请厂部安全部门同意和指派专人负责安全的情况下才能进行。防止粉尘爆炸的措施包括以下几种。

（1）通风除尘要完善，降低空气中的粉尘浓度。

（2）绝对禁止吸烟和明火。

（3）对电器、灯具等要采用符合防爆要求的元件和措施。

（4）加强管理，防止因电气或机械摩擦产生火花。

（5）检修必须动用明火时，需要先申报，停产、清理现场并由现场负责人监督、管理。

第15章　饲料加工质量管理

世界知名企业摩托罗拉提出的企业精神的核心是“为用户提供品质优秀、价格公道的产品和服务来满足社会的需要，企业也在这个过程中得到收益，不断发展壮大，同时为员工和股东提供实现各自合理目标的机会”。企业获得较大的经济效益并获得较好的社会效益，两者是不矛盾的，如果达不到这个要求，企业就无法长期生存。因此，企业必须提供质量优良、价格公道的产品和良好的服务，才能得到持续发展。可以说质量是企业的生命，没有质量，企业就无法生存，更谈不上发展，所以企业必须把抓质量放在一切工作的首位。从现代企业观点全面来看，质量应包含三方面内容：产品质量、服务质量和价格质量。企业在市场竞争中是信誉的竞争，有了长期的质量保证才会有信誉，有了信誉才会赢得市场，有了市场才会产生更大的经济效益。离开了质量和信誉，即使暂时有一些市场，也不能持久。所以质量和信誉是企业一切活动的中心。

第一节　饲料产品的质量和管理

饲料企业要生产出优质的饲料产品，必须要有科学的配方、优质的原料、良好的加工工艺和加工设备，更需要有优秀的管理人员和严格、合理的规章制度。饲料产品质量主要反映在：①实用性，即能取得较好的或预期的喂养效果；②安全性，不会引起中毒或生病；③经济性，价格合理。以上三个方面是由市场和用户来评定的。

企业质量管理的目的在于事先防止制造出达不到标准的不合格产品，同时必须事前或事后查明可能生产出或已经生产出不合格产品的原因。在生产前、生产过程中和生产后解决问题，并保证不合格产品不得出厂。实际上，饲料厂出现的质量问题归根到底是由于管理不善引起的。所以要找出和抓住最影响质量的主要因素，并使这些因素稳定化。经常检查并及时发现质量变化情况，及时调整使其保持在产品标准和操作规程所规定的范围内，就可以稳定产品的质量，这就是饲料加工厂的全面质量管理内容。为了确认产品质量是否合格，必须经常进行检查，包括对入库原料、生产过程中的半成品、成品及饲养效果的检查制度。

一、配方质量及管理

配方质量是指符合营养标准的程度、各营养因子的平衡程度、用户对产品的满意程度，以及加工工艺和加工设备的相适应程度，以上各方面如有不合理或不配套的地方，都会影响配方的质量。如果配方质量有问题，产品质量肯定不会好。所以必须建立和健全配方管理制度，对新配方或基本配方中重要原料的改变要进行必要的试验验证和实践检查，使配方达到高质量、低成本，而又切实可行。

二、原料的采购及管理

保证原料质量是保证产品质量的首要条件，质量低劣的原料不可能生产出质量好的合格饲料产品。在饲料产品的成本中原料费用占 70% 以上，所以原料的采购和管理在全部质量管理中占有举足轻重的地位。必须管理好原料质量、价格和进货期（存储时间太长，原料质量会下降，特别是维生素之类的添加剂，而且会积压资金）。采购原料应注意以下几点。

（1）要与有信誉的原料供应商挂钩，渠道不宜多变，以保证原料质量稳定。

（2）做好原料接收时的检验工作，不合格的原料不得接收入库。

（3）做好料仓的清理和清洁工作，按质分类、对号入座，防止差错和污染。

（4）原料应按“先进先用”的原则存放和使用。

三、加工过程的管理

要根据各厂的具体情况制定合理的操作规程，保证加工中各工序达到应有的工艺效果和要求，防止交叉污染，并做好生产、原料、成品等记录。成品应按“先产先出”的原则储存和发放。对加有药物的饲料，必须对药物的含量进行测定。另外，需要注意预混合饲料生产作业区应和配合饲料生产作业区分开，以防止交叉污染，并有利于保密。要尽量减小混合后物料的输送距离和高度，以防止混合均匀度下降。预混料应在混合后直接包装。混合机的混合时间应保证不低于规定的混合时间，以保证混合均匀度。有个别操作工为了提高产量、多拿工资奖金而缩短混合时间，这是绝对不允许的。在制粒过程中要掌握好产量、调质等操作要求。

四、加工设备的管理

对于加工设备的管理，主要注意以下几方面。

（1）设备的正确使用和维修，在保证安全生产的前提下提高设备利用率，避免超负荷运转。

（2）操作人员必须熟悉设备的工作原理、结构、性能及工艺要求，掌握操作、维修技术，严格按说明书和操作规程的要求作业，并学会故障处理和排除方法。对操作者应实行上岗前培训、凭证上岗的制度。

（3）加强设备管理。这关系到设备的正常运转、使用寿命和安全生产，因此要做好经常性的设备检查、清洁、维修、润滑、防潮等工作。设备有了小故障要及时修复，不得带“病”作业，以免发生更大的事故。

（4）合理确定设备易损件的储备量。防止因备件不足引起停产，或者因储备过量而积压闲置，增加经费占用。

（5）建立设备档案和进行计划性定期维修制度。设备在运转过程中零部件由于摩擦、振动和疲劳等原因会产生磨损和损坏，磨损是设备故障的重要原因，故障的发生分为三个阶段：初期故障期，设备刚开始使用时，由于零件磨合不够及操作工操作不熟练，故障率可能较高；正常使用期（又称偶发故障期），这段时间很长，而发生故障的概率很低，只要操作正常，很少发生故障；磨损故障期，设备磨损已比较严重，故障也越来越多，应建立计划维修制度，包括日常检查、保养和进行定期小修、中修、大修，避免“头痛医头、脚痛医脚”的维修方式。良好的维修可以延长正常使用时间和设备的使用寿命。设备使用期与故障的关系如图 15-1 所示。

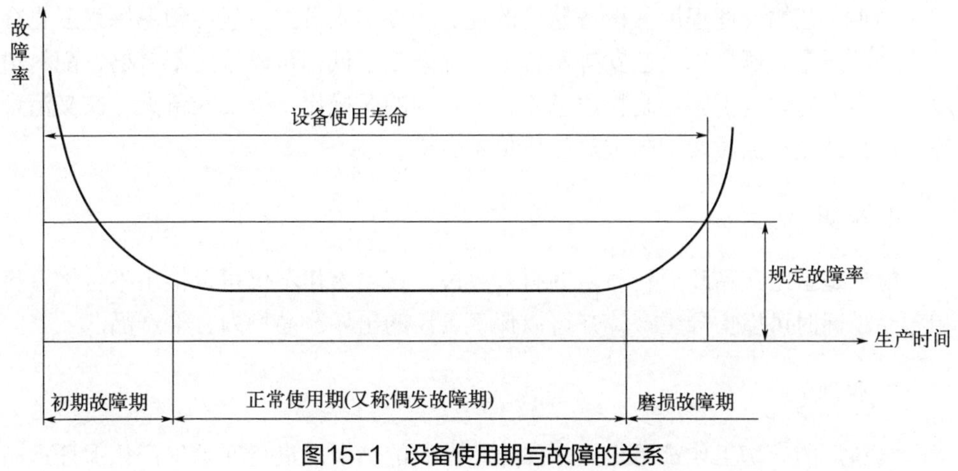

图15-1 设备使用期与故障的关系

（6）设备的改造和更新。它是提高企业技术水平和经济效益的重要途径之一。当设备使用到后期，各种性能下降，各项费用增加，以高额费用来维持设备的寿命在经济上是得不偿失的，这时就需要采用改造或更新的方式来解决设备的老化问题。

五、影响饲料产品质量的因素

这是一个综合性的问题，反映在饲料生产的全过程中，涉及生产的每一个有关的环节，其中配方的好坏、原料质量、加工工艺的合理程度、设备性能的优劣、操作的熟练程度、生产过程的质量检测及全厂的管理水平等环节的影响比较突出。

1. 配方

饲料配方的设计必须以营养标准为依据，并考虑到各种营养因子的平衡关系。过低的营养水平满足不了畜禽快速生长发育的需要，过高的营养水平和各营养因子间的不平衡，使畜禽不能完全吸收，会造成很大的浪费，并且会大大提高饲料的成本，这都是不合适和不受欢迎的。要全面考虑饲料报酬和成本之间的关系，用最低的成本得到最高的回报，才是最受欢迎的配方。配方设计还要考虑加工工艺和设备的配套情况和储存保管条件对营养的影响。

2. 原料

原料质量与产品质量密切相关，原料质量差就无法生产出高质量的产品。原料质量包括水分、含杂、成分、含量、活性及有效期等。

3. 工艺

加工工艺的合理程度、设备性能的优劣和操作人员的责任心和熟练程度也会影响产品质量。例如，工艺安排不合理、除杂效率低、粉碎粒度不合格、配料精度差、混合均匀度不够、制粒质量差、操作中的误操作，以及残留大、交叉污染等，都会造成产品质量下降或产品质量不合格。

4. 检测

检测是鉴定产品及原料质量的有效手段。这项工作不仅可以检出不合格原料和产品，同时可以指导生产，并可以保证工厂的出厂产品均为合格产品。

5. 管理

饲料厂的一切工作都是由人来操作和控制的，所以进行安全生产和保证产品质量与企业全体员工的素质、认真负责的程度、管理制度的好坏和执行情况等有直接关系。如果管理不好，其他条件再好也无法保证生产的产品全部优质或合格。某企业家说过“先进的技术不能代替落后的管理，但先进的管理可以部分弥补落后技术的不足”，说的就是管理的重要性。

第二节 服务质量及管理

如果没有优质的服务，企业就算有了优质的产品也未必能获得更大的市场份额。因为服务质量也是质量和信誉的重要组成部分。销售服务是直接与用户打交道的，因此必须使用户对销售人员和企业有信任感，销售工作才能做好。树立为用户服务的观点是服务质量的体现，是质量管理的内容之一。为用户服务的目的是让用户满意地使用企业生产的产品，从中得到好的效益，也使企业本身不断提高产品档次，扩大生产量并获得更多的经济效益。服务质量表现在售前和售后两方面。

一、售前服务

售前服务主要是做好宣传和广告工作，向用户积极、认真地介绍本企业的情况、产品特点、性能、使用方法和注意事项，为用户做好咨询工作，使用户有信任感，认为企业是可信的、产品是优质的，可以放心使用。同时要注意销售策略，对产品价格必须公平合理、不能让用户吃亏，如果有可能，可以搞几个试验点或试用点，形成长期固定的合作关系。

二、售后服务

售后服务包括产品出厂运输、技术指导、培训、信息反馈及索赔等一系列活动和管理。出厂时产品质量虽好，但由于出厂后的一系列过程中出现问题，也会使饲料质量下降甚至变质，使饲养达不到预期效果甚至造成损失。为此售后服务须及时与用户沟通，了解情况、找出原因，并指导用户改进储存方法和掌握如何正确使用产品的方法，使产品获得好的效果。对确实有问题的产品要做到“三包”。

售后服务是企业形象的重要标志之一，对产品售出后就不闻不问，售后服务不到位往往会引起不少纠纷和麻烦，只有做好了售后服务才能化解矛盾，并从中总结经验教训。所以售后服务的好坏是用户能否成为企业的长期顾客的关键。销售人员在销售和服务工作中起到关键作用，他们在做好销售工作的同时，也要成为用户的朋友和技术顾问，必须具有良好的作风和素质、丰富的业务知识和熟练的销售技巧。因此，销售人员要通过认真选拔、培训，才能全面胜任工作，更好地完成销售任务。

三、价格质量及管理

饲料产品价格的高低是企业和用户都十分敏感的问题，不能说产品价格越高（或越低）就越好，也不能说饲料报酬越高就越好，而是要根据性能价格比，即单位增重及食用品质的好坏与投入的资金之比来评定的，所以价格质量要全面、正确地来理解。一般商品的价格主要取决于原料成本、加工成本、经营费用、利润、税金和品牌等因素。对饲料产品而言，还要看饲料报酬、喂养畜禽以后的食用品质，以及喂养对象的品种和价格。饲料产品价格影响到销售和企业的生存和发展，所以合理地定价，努力降低成本，使产品具有较强的竞争力是企业生存和发展的关键，也能部分地反映出产品质量的好坏。

1. 制定价格的原则

制定饲料产品价格的原则主要符合以下三点。

（1）要贯彻按质论价和薄利多销的原则，在保证质量的前提下实行优质优价。

（2）要根据饲养对象的不同来确定不同产品的合理价格。要兼顾国家、企业、用户三者的利益，而不能单纯追求企业本身的利润。

（3）要考虑同行及毗邻地区同类产品及相同质量产品的价格水平，同时考虑供货数量等因素，用价格杠杆调节供求关系。

2. 影响价格的主要因素

影响价格的主要因素有以下几点。

（1）成本对价格的影响。产品的成本对价格有重要影响，特别是原料成本占总成本 70% 以上的饲料产品，价格将随原料价格的升降而相应变化。

（2）商业价值对价格的影响。饲料产品定价时必须考虑饲喂效果，如料肉比、料蛋比、畜禽产品食用品质等因素。特别是养殖品种和对象，对饲养价格高的稀有名贵品种，饲料产品价格就可以高一些。

（3）产品竞争对价格的影响。市场经济必然会有竞争，竞争将会影响价格。一般情况下，相同品种、相同质量的产品，价格不宜高于竞争对手。如果在没有竞争对手的情况下，价格可以定得高一些。但必须符合以上三原则，因为价格过高会使用户得不到效益，产品将卖不出去，企业本身也将没有效益。

（4）需求因素对价格的影响。一般来说，紧俏的产品定价可以高一些，但对已形成竞争的产品，在相同质量的情况下，价格低则需求量上升，销售量增加。价格高则需求量下降，销售量减少。因此，要根据市场需求来合理定价。

（5）生产批量对价格的影响。生产批量越大，产品成本越低。成本低，销售价格也可低一些。而生产批量大时，销售价格低一点，总利润不一定少。这就像批发与零售的关系一样。

（6）其他因素对价格的影响。企业在产品定价时要对自己的产品有一个正确的估计和评价，对质量好、饲养报酬高、市场占有率大并被用户认可的名牌产品，价格和利润可以略高一些。当产品立脚未稳，还处于争取和扩大用户的阶段时，为了扩大影响和销路，进一步占领市场份额，价格和利润都应放低一些，甚至给出优惠价。

第三节 饲料的霉变及预防

全世界每年由于粮食和饲料的霉变造成的经济损失是十分巨大的。有些地区饲料霉变在梅雨季节相当严重，是饲料工业不可忽视的一个问题。

一、饲料发生霉变的主要原因

1. 气候与季节

霉菌生长繁殖需要一定的条件，即温度和湿度条件。最适宜霉菌生长的条件：温度在20℃以上，相对湿度为80%～90%。因此，霉菌生长与当地的气候条件和季节有密切关系，有的地区一年多个月份的平均气温在20℃以上，平均相对湿度在80%以上，这种高温、高湿的环境条件（特别是梅雨季节），霉菌生长最旺盛，饲料极易发生霉变。

2. 饲料原料水分高

饲料原料如果水分高，再加上温度偏高，在储存期间就很容易发生霉变。使用水分高的原料会导致饲料产品水分超标，产品也容易发生霉变。使用了霉变的原料，饲料产品就会很快霉变。因此，饲料原料水分应控制在安全水分以下，更不得使用已霉变的原料。

3. 饲料加工过程中某些环节处理不当

在生产颗粒饲料时，如果冷却时间不够或风量不足，会导致饲料水分及温度偏高，这样的颗粒饲料装袋后就容易发霉。在制粒系统的管道、料斗中积存的物料如不定期清理，时间长了可能会形成发霉的积料，脱落后进入成品仓和包装袋后，易引起整批或整袋饲料霉变。另外，料仓如长期不进行清理，积存在仓内的物料（尤其是粉碎后的物料）容易发生霉变。

4. 饲料储存和运输不当

仓库潮湿、不经常清扫和定期消毒、堆放不合理、库存时间过长、运输过程中淋雨或暴晒等都容易引起霉变。

二、饲料霉变的危害

饲料霉变的危害主要有以下几点。

（1）霉菌产生毒素，会引起动物中毒：动物摄入毒素后会出现急性或慢性中毒现象。

（2）引发霉菌病：霉菌和霉菌孢子进入动物机体后会引起霉菌感染性疾病。

（3）降低饲料的营养价值：由于霉菌孢子生长消耗了饲料中的营养物质，以及使饲料成分发生分解，造成饲料营养价值严重降低，适口性下降。

（4）霉菌毒素与癌症的关系：黄曲霉毒素与其他一些霉菌毒素都有强烈的致癌作用。

（5）霉菌毒素在畜禽产品中的残留对人类健康有极大的危害。

三、饲料的防霉

1. 控制饲料原料的水分和质量

严格控制原料的水分，制定水分的内控标准，防止霉变原料进入厂区。凡是不符合标准的原料，一律不得采购和入库，还要保证良好的原料储存条件，采用“先进先用”的原则，并减少原料的库存量。

2. 控制饲料加工过程中的水分和温度

在粉状饲料产品加工过程中不得在混合机中加水。因为混合机中加水，水分不能与物料充分混匀，有部分物料水分过高，容易引起霉变。颗粒饲料如果冷却不充分或散热不均匀，也会导致饲料霉变。所以一定要使产品的水分和温度降到规定标准范围内。如果因原料或天气等原因，产品无法达到安全水分，应采取相应的措施，如及时用掉、不进行保存或添加规定数量的防霉剂。

3. 注意饲料产品的包装和运输

饲料包装袋要求密封性能好，饲料储存应与原料一样有良好的储存条件，以及采用“先产先销”的原则。在梅雨季节最好使用防潮包装袋并防止在运输途中受到雨淋、日晒。应向中间商和用户宣传和讲解饲料产品的储存、保管及使用方法和有效期限的知识，防止饲料产品在出厂后发生质量下降或霉变的情况。

4. 应用饲料防霉剂

在饲料中添加防霉剂可在一定时间内防止饲料霉变，延长饲料的储存时间。一般添加量为千分之一至千分之五，饲料中水分低时少加，水分高时多加。过去常用的是单一型防霉剂，主要是丙酸或丙酸盐一类。现在的发展趋势是采用复合型防霉剂，是采用多种有机酸按一定比例配制而成的，它们可以拓宽抗菌谱范围，增强防霉效果。

四、饲料防潮包装

1. 防潮包装的原理

饲料产品具有吸湿的性能，散装或暴露在空气中的饲料会自动吸收空气中的水分而受潮发霉，饲料防潮包装是采用对水蒸气具有一定隔绝能力的包装材料，对合格的饲料产品进行严密的包装，隔绝外界湿度对产品的影响，使包装袋内的相对湿度保持在产品要求的范围内，以保持包装袋内饲料的质量。要特别提醒的是，对水分不合格的饲料产品，放在防潮包装袋内是不会起防霉作用的。

2. 防潮材料的透湿度

气体具有从高浓度区向低浓度区自动扩散的性能，而空气中的湿度（水蒸气）也具有这种扩散性能，包装袋中的饲料受潮霉变就是因为空气中的水蒸气透过包装材料向饲料扩散的结果。包装材料对水蒸气阻隔性能的优劣在实际应用中通常用透湿度来衡量。这也是选用包装材料的一个重要参数。它表示在24h内$1m^2$包装材料面积上水蒸气的透过量，其单位是g/（m^2·24h），测量透湿度各国都有测定的标准。例如，某国标准规定在温度为24℃时，包装材料一侧的相对湿度为90%，另一侧用无水氯化钙进行测定，在$1m^2$包装材料面积上24h水蒸气的透过量。

3. 常用的防潮包装材料

常用的防潮包装材料有聚乙烯（PE）、聚丙烯（PS）、聚氯乙烯（PUC）、聚偏二氯乙烯（PVDC）、聚酯（PET）等，但不同的材料、不同的厚度，其透湿度是不同的。在具体选用时，除了要考虑透湿度外，还要考虑强度。很薄的材料，可能其透湿度已经达到要求了，但强度不够也不行。一般在强度能满足要求的情况下，透湿度基本上也能满足要求。另外，要考虑的是该材料的价格，在满足相同条件时，价格是考虑的重要因素之一。

第16章　饲料加工成本管理

饲料行业已呈现出越来越激烈的竞争势头，因此饲料企业除了保证质量、提供优质服务外，还必须加强成本控制和管理，这样才能不断发展和壮大。饲料加工成本控制是一个十分复杂的课题，它涉及企业的投资额、生产规模、原料、生产批量、加工过程的成本、损耗、用工成本、综合管理水平和经营费用、利润等方面。这里结合饲料加工企业的实际情况，重点分析饲料加工的直接成本，寻求各项直接成本之间的相互关系，从而提出饲料加工成本的控制方法和具体措施。

第一节　固定资产投资额与固定成本

固定资产投资额是指企业在新建期间的一切费用，如土地购置费、土建、水、电、汽及设备采购安装等工程的费用。这些一次性投入的资金必须在今后生产过程中摊入生产成本并逐步回收。按有关会计法规定，企业可将固定资产投资额按一定的年限或一定的比例分摊（即平均年限法）。例如，一个企业投资总额为300万元，设其净残值为原价的5%，分10年分摊，每年有28.5万元摊入生产成本，即为固定成本，固定成本的大小与生产规模、工艺水平、设备选型及实际产销量有特别重要的关系。

$$单位产品固定成本（元/吨）=\frac{固定资产投资总额-残值}{折旧年数\times当年产销量}$$

在同一生产规模的饲料厂中，年销量越大，单位产品固定成本越低。若生产规模大，年产销量也大，投资成本最低。相同生产规模，不同年销量可使固定成本相差约3倍，不同生产规模、不同年销量可使固定成本相差更多（表16-1）。所以要降低固定成本，不仅要扩大生产规模，更主要的是扩大年产销量。

表16-1 固定成本核算统计表

生产规模/(t/h)	投资总额/万元	年产销量/万吨	每天生产时间/(h/d)	年分摊额/万元	单位固定成本/(元/吨)
5	300	0.85	6.11	28.5	33.53
		1.36	10.3		20.96
		2.47	18.71		11.54
10	650	1.71	6.48	61.75	36.11
		3.82	14.47		16.16
		4.91	18.6		12.57
20	895	3.5	6.63	85.025	24.29
		6.14	11.63		13.85
		10.08	19.09		8.44

注：按每月生产22天计算。

第二节
原料批量与原料成本

饲料厂的成本有70%以上是原料成本，因此原料成本是饲料成本中最重要的部分，按市场规律，购买原料的数量越大，则价格越低（就像批发与零售的关系一样），而且质量越好。一旦原料价格降低，则饲料成本也相应降低了（见表16-2）。

表16-2 不同销量企业原料成本统计表

年销量/万吨	0.5	3.0	10.0
原料成本/(元/吨)	1609	1480	1398
占销售价格比例/%	87	80	75.5

注：以上所选饲料为猪颗粒饲料，售价为1800～1850元/吨。

由表16-2可以看出，原料采购的批量大，则原料价格低。但原料占饲料成本均超过70%，最低原料成本和最高原料成本相差11.5%，如饲料产品价格按1800元/吨计算，其差价为211元/吨，这个差价就是销量大的企业的丰厚利润。

第三节 加工过程中的成本

一、电耗

电耗是指每加工一吨饲料产品所消耗的用电量。按现有水平一般粉料产品电耗小于 15kW · h/t，颗粒料产品电耗小于 30kW · h/t，折合人民币分别为 12 元 /t 和 24 元 /t[电价按 0.8 元 /（kW·h）计]，但由于管理水平的差异，会使电耗加大，如设备故障、设备空转等都会造成电能的浪费，可使电耗升高达 25% ～ 30%。那么按 5t/h 规模单班年产 1 万吨计算，多耗的电量可达 8000kW · h 左右，折合人民币 6000 ～ 7000 元，平均增加电耗成本 0.6 ～ 0.7 元 / 吨。

$$\text{电耗成本（元/吨）}=\frac{\text{年总电耗}\times\text{电价}}{\text{当年产销量}}$$

二、汽耗

汽耗是制粒时所耗用的蒸汽量。大约每吨饲料的汽耗成本为 5 ～ 8 元，可能是能由于热损大、漏汽多等原因导致蒸汽成本成倍增加，而且不易引起重视，这种现象在饲料厂中普遍存在。

三、水耗

水耗是指在加工过程中物料水分的损失（降低）。饲料产品水分是一项重要的指标，水分超标，不利于安全保存，易于霉变，会损坏企业的信誉和利益，也会损害用户的利益。而过低的水分不但会降低产品数量，还会降低饲料的口感，也会损害企业的利益。饲料产品中每降低 1% 的水分，对年销量 1 万吨的企业每年损失 100t，折合人民币约 18 万元（产品价格按 1800 元 /t）。

四、粉尘排放损耗

粉尘排放是不容易看见的亏损。按照现在的工艺设备水平，无论采用什么集尘方式，都会有部分粉尘排放到大气中去，这是无法避免的事实。回收粉尘不仅有利于环境保护，而且可以减少粉尘排放的损耗，粉尘排放损耗率一般在 0.3% ～ 1% 之间。

五、包装计量误差的损耗

为了不违反商品重量和计量方面的有关法令，在包装计量中一般会考虑有一定的超量，如果包装秤精度下降或管理、操作不当，包装计量误差引起的损耗将会大大增加。

六、配件消耗成本

配件消耗成本是指机械、电气设备更换工作部件和易损件等所耗用的费用，如锤片、筛板、压模、压辊、润滑脂、轴承及电气元件等，一般配件成本约为 10 元 /t。

第四节 用工成本

企业用工人数的多少同样涉及产品的成本，例如，同样是 10t/h 的生产规模，甲厂全厂用工 100 人，每年产销量为 4.5 万吨，利润 300 多万元，发放工资福利等费用 150 多万元，平均用工成本 33.3 元 /t。而乙厂也是用工 100 人，但年销量仅为 7400t，企业亏损 120 多万元，发放工资福利等费用仅为 50 多万元，但平均用工成本高达 67.56 元 /t，比甲厂高出一倍多。

$$用工成本（元/t）=\frac{年工资总额+福利总额}{当年产销量}$$

第五节 如何控制成本

总结成本的有效控制方法，依次归纳如下。

（1）扩大年产销量。

（2）扩大生产规模。

（3）扩大原料购买量，降低原料单价，保证原料质量。

（4）尽量降低电耗、汽耗、水分损耗、粉尘损耗和包装计量误差的损耗，降低配件消耗成本、减少浪费，增加收益。

（5）减少用工人数，用工要适当，以降低用工成本。

（6）加强设备管理和维修、降低故障率、减少维修成本。

最后还要注意效率问题。效率高就是在相同条件下，用更短的时间办成更多、更大、更好的事情，有了高的效率才能有高的效益。效率不高或没有效率就没有效益，甚至是负效益（亏本）。

参考文献

[1] 陈旭高 . 饲料基础知识问答 (连载十二)[J]. 湖南农业 , 2008(12): 15.

[2] 陈旭高 . 饲料基础知识问答 (连载十一)[J]. 湖南农业 , 2008(11): 17.

[3] 陈旭高 . 饲料基础知识问答 (连载十)[J]. 湖南农业 , 2008(10): 18.

[4] 罗彦宇 . 饲料基础知识问答 (连载四)[J]. 湖南农业 , 2008(4): 19.

[5] 罗彦宇 . 饲料基础知识问答 (连载三)[J]. 湖南农业 , 2008(3): 18.

[6] 罗彦宇 . 饲料基础知识问答 (连载二)[J]. 湖南农业 , 2008(2): 21.

[7] 罗彦宇 . 饲料基础知识问答 (连载一)[J]. 湖南农业 , 2008(1): 18.

[8] 曹念正 . 饲料加工技术和生产管理 (续 2)[J]. 渔业现代化 , 2003(4): 39-41.

[9] 曹念正 . 饲料加工技术和生产管理 (续 1)[J]. 渔业现代化 , 2003(3): 41-43.

[10] 曹念正 . 饲料加工技术和生产管理 [J]. 渔业现代化 , 2003(2): 40-42.

[11] 于炎湖 . 饲料安全性问题——(6) 饲料霉变的危害及其预防 [J]. 养殖与饲料 , 2003(4): 8-10.

[12] 王东 , 祝正加 . 粉碎机性能的影响因素 [J]. 粮食与饲料工业 , 2000(11): 20-21.

[13] 李俊 , 李业波 , 杨俊成 , 等 . 饲料中液体的添加技术 [J]. 粮食与饲料工业 , 2000(9): 18-20.

[14] 聂春宵 . 饲料调质功能及方法 [J]. 粮食与饲料工业 , 2000(6): 24-26.

[15] 熊先安 . 饲料加工成本控制的研究 [J]. 粮食与饲料工业 , 1999(5): 22-23.

[16] 于炎湖 , 汪儆 . 饲料霉变的原因、危害及其预防 (续)[J]. 饲料工业 , 1999(5): 1-3.

[17] 于炎湖 , 汪儆 . 饲料霉变的原因、危害及其预防 [J]. 饲料工业 , 1999(4): 1-2.

[18] 于继英 , 曹念正 . 饲料生产中配方的加工保质技术 [J]. 粮食与饲料工业 , 1998(3): 18-19.

[19] 许振喜 , 曹念正 . 江西饲料厂工艺设备概况 [J]. 粮食与饲料工业 , 1990(2): 36-39.

[20] 曹念正 . 我国锤片粉碎机的现状和提高方向 [J]. 武汉粮食工业学院学报 , 1989(2): 50-55.

[21] 朱世浩 , 曹念正 . SKYT63 型颗粒油脂喷涂机 [J]. 饲料工业 , 1987(3): 22-25, 29.

[22] 曹念正 . 颗粒配合饲料及其制造技术 [J]. 饲料工业 , 1986(2): 19-21.

[23] 曹念正 . FSP-112×30 型锤片式粉碎机的研制 [J]. 饲料机械 , 1983(1): 6-8.

[24] 曹念正 . FSP-112×30 型锤片式粉碎机鉴定会简讯 [J]. 粮食工业 , 1982(2): 54-55.

[25] 曹峰 . 挤压膨化机的选用和操作 [J]. 渔业现代化 , 2004(3): 45-48.

[26] 刘天印 , 陈存社 . 挤压膨化食品生产工艺与配方 [M]. 北京 : 中国轻工业出版社 , 1999.

[27] 张裕中 , 王景 . 食品挤压加工技术与应用 [M]. 北京 : 中国轻工业出版社 , 1998.

[28] 刘四麟 . 粮食工程设计手册 [M]. 郑州 : 郑州大学出版社 , 2002.

[29] 曹康 . 现代饲料加工技术 [M]. 上海 : 上海科学技术文献出版社 , 2003.

[30] 庞声 , 海郝波 . 饲料加工设备与技术 [M]. 北京 : 科学院技术文献出版社 , 2006.

[31] 全国畜牧总站信息中心， 中国饲料工业协会信息中心 . 2016 年全国饲料工业统计简况 [J]. 中国饲料 ,2017(13): 1-2, 19.